Bengt-Thomas Gröbel • Martin Hormann

Geheimnisvoller Schwarzstorch

Faszinierende Einblicke in das Leben eines scheuen Waldvogels

AULA-Verlag Wiebelsheim

Dieses Buch wurde publiziert mit freundlicher Unterstützung der RWE Deutschland AG.

VORWEG GEHEN

Bibliografische Information der Deutschen Nationalbibliothek
Die Deutsche Nationalbibliothek verzeichnet diese Publikation in der Deutschen Nationalbibliografie; detaillierte bibliografische Daten sind im Internet über http://dnb.d-nb.de abrufbar.

1. Auflage 2015

www.aula-verlag.de

Alle Fotos stammen, sofern nicht anders angegeben, von Dr. Bengt-Thomas Gröbel
Druck und Verarbeitung: Stürtz GmbH, Würzburg
Printed in Germany/Imprimé en Allemagne
ISBN 978-3-89104-786-6

Inhalt

Danksagung

Zuallererst möchten wir allen Schwarzstorchfreunden für ihr Engagement für diesen wunderbaren Vogel danken. Der Dank gilt den Förstern, die „ihren“ Schwarzstorch im Revier schützen und die forstbaulichen Maßnahmen so steuern, dass die Vögel ungestört ihre Brut und Jungenaufzucht verrichten können.

Vor allem sind es die Ehrenamtlichen, meist in den Naturschutzverbänden organisiert, denen wir danken wollen. Sie sammeln und liefern die Informationen ohne die ein Schwarzstorchschutz nicht möglich wäre.

In einer Zeit, in der der Schwarzstorch seine Rolle als Vorzeigeart des Vogelschutzes zu verlieren scheint und der politische Wind der Energiewende ihm „ins Gesicht“ bläst, nutzen sie auch ihre Freiheit sich mit ihrer Erfahrung und Sachkenntnis in diese politische Debatte einzuschalten.

In Hessen, dem Bundesland aus dem wir Autoren stammen, bilden die Schwarzstorchfreunde ein informelles Netzwerk von Nestbetreuern, die der Staatlichen Vogelschutzwarte von Hessen, Rheinland-Pfalz und Saarland zuarbeiten.
Bengt-Thomas Gröbel ist im Taunus/Westerwald Teil dieses Netzwerkes und dankt seinen beiden Vogelfreunden Ingo Hausch und Werner Schindler für die intensive vertrauensvolle Zusammenarbeit der letzten Jahre. Er dankt auch Jürgen Reimann für seine Unterstützung, vor Ort und als NABU-Kreisvorsitzender des Rheingau-Taunus-Kreises.

Beide Autoren danken Dr. Klaus Richarz vom Bundesverband Wissenschaftlicher Vogelschutz (BWV), der das Projekt dieses Buches von Anfang an unterstützt hat, mit seinem Vorwort in das Buch eingeführt hat und auch redaktionell mit Rat und Tat zur Seite stand. Sie danken besonders auch Werner Schindler, der bei der Bearbeitung geholfen hat und auch Ideen beigesteuert hat; ebenso Karl-Heinz Heyne aus Bitburg, der ergänzendes Bildmaterial vermittel und Textteile redigiert hat. Der Dank gilt darüber hinaus den Fotografen, die für den Textteil ihr einmaliges Bildmaterial beigesteuert haben.

Carsten Rode, stand immer wenn man ihn brauchte mit seinem Rat als einer der besten Schwarzstorchkenner zur Verfügung.

Das Lektorat von Sigrid Koppenhöfer hat nachhaltig und feinfühlig das Projekt auf Kurs gehalten.

Besonders möchten wir der RWE Deutschland AG danken, ohne deren Förderung das Buchprojekt nicht hätte verwirklicht werden können.

Zum Schluss wollen wir unseren Familien für die Nachsicht und Geduld danken, die sie uns während der Entstehungsphase des Buches entgegengebracht haben.

Martin Hormann — Dr. Bengt-Thomas Gröbel

Vorwort

Als mich die beiden Autoren um ein Vorwort für ihr Schwarzstorch-Buch baten, sprachen viele Gründe für ein „Ja, das mach ich sehr gerne!“ Ein Grund ist die gemeinsame Begeisterung für diese faszinierende Vogelart.

Während mir der Weißstorch aus Kindheitstagen in der mittelhessischen Kleinstadt Lich als Brutvogel auf dem Dach der Marienstifts-Kirche sowie bei seiner Nahrungssuche in der Wetterniederung wohl vertraut war, blieb der Schwarzstorch für mich lange Zeit eine „unerreichbare“ Vogelgestalt. So ähnlich ging es wohl auch Bengt-Thomas Gröbel und Martin Hormann. Mit seiner Rückkehr als Brutvogel in die hessischen Wälder nach fast 100 Jahren Abwesenheit kam uns der Schwarzstorch erst nahe. Für den Naturfreund und Fotografen Bengt-Thomas Gröbel wurde Ciconia nigra zum „Wohnnachbar“ im Taunus, den er ab da mit aller gebotenen Vorsicht „besuchte“ und der ihm dafür ganz viele spannende und neue Einblicke in sein Familienleben gewährte. Martin Hormann wiederum konnte sich als mein langjähriger Mitarbeiter und Stellvertreter an der Staatlichen Vogelschutzwarte in Frankfurt dem Schwarzstorch sogar dienstlich annehmen. Und das war und ist bis zum heutigen Tag auch nötig.

Der zunächst kontinuierlich ansteigende Brutbestand der Schwarzstörche hat sich mittlerweile verlangsamt, stagniert in Teilen seines mitteleuropäischen Verbreitungsgebietes und weist regional sogar deutliche Rückgänge auf. Der Erhaltungszustand der Art, für die als Anhang I-Art der europäischen Vogelschutzrichtlinie Schutzgebiete im Rahmen des EU-Schutzgebietsnetzes Natura 2000 ausgewiesen wurden, ist als „ungünstig/unzureichend“ einzustufen. Die „Ampel“ steht für den Schwarzstorch auf „gelb“. Will heißen: Wenn wir ihn nicht wieder verlieren wollen – und das wäre neben den naturschutzrechtlichen Verpflichtungen, die wir für die Art haben, vor allem auch ein Armutszeugnis für uns, muss noch mehr als bisher für das Wohlergehen der Schwarzstörche getan werden. Manches dazu ist schon auf einem guten Weg. So werden jetzt neue Mittelspannungsleitungen nach einer für die Netzbetreiber verbindlichen Anwendungsregel vogelsicher gebaut, bestehende nachgerüstet. Damit können die bisherigen Verluste durch Stromschlag, dem nicht wenige Schwarzstörche zum Opfer fielen, ausgeschlossen werden. Für Hochspannungsfreileitungen sind zurzeit Hinweise in Bearbeitung, nach denen künftig durch Vogelschutzmarkierungen und Vorgaben für die Trassenwahl der Anflug an die Seile weitgehend reduziert bis vermieden werden kann.

Doch andere Entwicklungen, die dem Schwarzstorch schaden können, haben wir noch längst nicht im Griff. Welche Folgen wird beispielsweise der weitere Ausbau von Windenergieanlagen über Wald für Schwarzstörche haben, die im Gegensatz zu Rotmilanen zwar kaum damit kollidieren. die aber von ihnen gemieden werden und so sonst genutzte oder nutzbare Brutgebiete verloren gehen? Wohin führt die Waldbewirtschaftung mit der Verkürzung von Umtriebszeiten, den Verlusten an Baumindividuen, die in der Lage sind ein großes Schwarzstorchnest auch durch alle Stürme sicher zu tragen – und was wird aus der so notwendigen Erfordernis nach einem Schutzkonzept jenseits der Nutzung für unsere Buchenwälder, für die wir global die Verantwortung haben?

Um den Schwarzstorch gezielt zu unterstützten, wurden im Rahme der Umsetzung der Vogelschutzrichtlinie, Schutzkonzepte auf Basis von Gefährdungsanalysen entwickelt. In nüchternen Worten werden darin die Maßnahmenbündel zum Schutz der Art aufgelistet.

Ganz anders bringt uns das vorliegende Buch den Waldstorch nahe: Faszinierende Bilder von Bengt-Thomas Gröbel und packende Texte von beiden Autoren, teils in Erlebnisform geschrieben, zeigen, dass man sich von diesem Vogel begeistern lassen kann. Und eine solche emotionale Nähe ist letztlich notwendig, wenn wir uns für sein Fortkommen bei uns erfolgreich einsetzen wollen.

Dabei ist der Schwarzstorch keine Art, die sich leicht beobachten lässt. Abstand, Diskretion und Rücksichtnahme sind im Umgang mit ihr gefragt.

Der Bundesverband Wissenschaftlicher Vogelschutz (BWV), dessen Vorsitzender ich sein darf, hat die Herausgabe dieses Buches übernommen. In diesem Verband haben sich Personen zusammengeschlossen, die im wissenschaftlichen Vogelschutz von Bund und Ländern tätig sind und ihre Aufgabe in der Fachberatung wie in der Förderung der wissenschaftlichen Grundlagenforschung im Bereich der angewandten Vogelkunde sehen. Auch will der BWV die Kompetenz der Bürger in Naturschutzfragen fördern. Trotz dem unverzichtbaren naturwissenschaftlichen Ansatz ist Natur- und Artenschutz immer auch mit einer In-Wertsetzung verbunden. Worin liegt der Wert, dass bei uns wieder der Schwarzstorch da ist? Doch nicht nur in seiner Funktion als „Schirmart“ oder Flaggschiff, als Zeiger gewisser Naturnähe und Ungestörtheit?! Wir dürfen ihn – und all die anderen Kreaturen um uns auch – einfach nur lieben und damit wertschätzen. Dann sind wir auch bereit, auf unsere Mitnatur Rücksicht zu nehmen. Weil wir ein Vielfaches mehr zurückbekommen, als das, was die Rücksichtnahme auf ihn und die anderen Geschöpfe von uns abverlangt. Lassen Sie sich faszinieren. Es lohnt sich!

Dr. Klaus Richarz
Vorsitzender Bundesverband Wissenschaftlicher Vogelschutz

Zum Geleit

Der schwarze Bruder vom fast allen seit Kindertagen bekannten Weißstorch ist sicher einer der geheimnisvollsten Großvögel unserer Landschaft. Mit dem nun vorliegenden Schwarzstorchbuch beleuchten die beiden Autoren Lebensweise, Ansprüche und auch Gefährdungen dieses faszinierenden Vogels in anschaulicher und gut verständlicher Art und Weise. Bengt-Thomas Gröbel und Martin Hormann ist es gelungen, in die Welt des Schwarzstorches behutsam einzudringen ohne aufdringlich oder gar lästig zu sein. Ihr Interesse, ja fast schon die Liebe zu diesem Vogel wird besonders deutlich, wenn man weiß wie zeitaufwändig und von Geduld geprägt die Beobachtung dieser Tierart sein muss, um ihre Lebensweise zu erforschen und darzustellen. Dem Leser wird ein Vogel vorgestellt, den er – spätestens nach der Lektüre – gern selbst erleben möchte.

So groß wie die Freude der Naturschützer über die in den letzten Jahrzehnten zunehmenden Bestände des Schwarzstorches auch sein mag, wir müssen immer noch und immer wieder wachsam sein, wenn es gilt, die wiedergewonnen Lebensräume von alten Wäldern und stillen Fließgewässern für Schwarzstorch und seine zahlreichen Mitbewohner zu erhalten. Die Gefahrenlage hat sich verändert. Während früher die direkte Verfolgung in Deutschland maßgeblich zu seinem Rückgang beigetragen hat, sind heute eine ausgeprägte Waldwirtschaft und auch die zunehmende Industrialisierung unserer Wälder – Stichwort Windkraft – gefährliche und langfristig wirkende Faktoren geworden.

So hilfreich Horstplattformen auch sein mögen, machen sie jedoch deutlich, dass wir ein erhebliches Defizit bei alten bis sehr alten Baumbeständen haben. Daher ist die die Einrichtung von großen nutzungsfreien Prozessschutzwäldern im öffentlichen Eigentum von besonderer und existenzieller Bedeutung für den Schwarzstorch. Wir benötigen großräumig angelegte Schutzkonzepte im Zug der Raumplanung, die dauerhaft Vorrangräume für Großvögel festschreiben und die geleichzeitig dazu beitragen, erfolgreich die notwendige Energiewende umzusetzen. Die beteiligten gesellschaftlichen Gruppen sind aufgefordert, ja verpflichtet, hier ihrer Verantwortung gerecht zu werden. Es ist leicht mit dem Finger auf Südeuropäer zu zeigen, die immer noch der illegalen Vogeljagd – von der auch der Schwarzstorch betroffen ist – nachgehen. Aber: Unsere Hausaufgaben müssen auch gemacht werden.

Der Schwarzstorch kann als geheimer Bewohner unserer Landschaft und als Sympathieträger dazu beitragen, dass unsere Artenvielfalt – jetzt gerne Biodiversität genannt – eine größere Beachtung bei politischen Entscheidungen bekommt. Dazu braucht er aber noch mehr Freunde und Unterstützer, und zwar über die die eingeweihten Kreise der Naturschützer hinaus. Ich wünsche mir für dieses Buch, dass es dazu beiträgt, die Fangemeinde des Schwarzstorches größer werden zu lassen. Die Autoren haben Ihren Teil in hervorragender Weise erfüllt.

Wetzlar im November 2014

Hartmut Mai
Landesgeschäftsführer NABU Hessen

Schwarzstorch und Mensch – eine wechselvolle Geschichte

Im Gegensatz zum Kulturfolger Weißstorch ist der in ruhigen Wäldern lebende Schwarzstorch den meisten Menschen heute kaum bekannt. In vorchristlicher Zeit, als Mitteleuropa noch überwiegend mit Wald bedeckt war, kam dem Schwarzstorch hingegen offenbar die Rolle eines heiligen Vogels zu. Einen Hinweis darauf, dass der Schwarzstorch zu dieser Zeit sakrale Verehrung genossen haben könnte, liefert sein bis heute in Schweden gebräuchlicher Name Odensvala = Odinsvala = Odens oder Odins svala (deutsch: Odinsschwalbe). Dieser Name legt die Vermutung nahe, dass die Nähe des Vogels zu Odin überliefert sei, vergleichbar den Raben Huginn und Muninn. Auf ein göttliches Wesen in der nordischen Mythologie in Gestalt eines Schwarzstorchs weisen allerdings auch gotländische Bildsteine und Goldbrakteate hin, deren Ursprung übrigens in der Imitation spätantiker Kaisermedaillons liegen.

Ein Göttervogel – verehrt und verhasst

Mit der Christianisierung seit dem 8. Jahrhundert und besonders auch durch die Kapitularien der fränkischen Könige wurde die Verehrung der alten Götter unter schwere Strafe (bis hin zur Todesstrafe) gestellt. Das Verbot des heidnischen Kultes enthielt anstelle der einstigen Götternamen schließlich nur noch den allgemeinen Hinweis auf Teufel und Dämonen. Besonders die Verehrung der Götter draußen in der Natur, in heiligen Wäldern oder an heiligen Quellen, wurde bekämpft, die heidnischen Kultstätten vernichtet. Wenn der Schwarzstorch als Odins- oder Wodansschwalbe die „Götterrolle" gespielt haben sollte, gab es keine Veranlassung, ihn zu schonen, weder den Vogel selbst noch seinen von Odin oder Wodan abgeleiteten Namen.

Die „Tabuisierung" des Schwarzstorchs als heidnischer Vogel führte dazu, dass aus der Zeit vom 8. bis zum 15. Jahrhundert kaum schriftliche Zeugnisse bekannt sind, die Aufschluss über sein Vorkommen in Mitteleuropa geben. Sicherlich war er jedoch zu dieser Zeit aufgrund des damals höheren Bewaldungsgrades der Landschaft weit verbreitet. Es ist vielmehr anzunehmen, dass die Nichtnennung etwas mit der spezifischen mittelalterlichen Weltsicht zu tun hat. Eine naturgetreue Abbildung des Schwarzstorchs findet sich allerdings im Falkenbuch von Kaiser Friedrich II., das 1241 bis 1248 entstanden ist.

Einige Jahrhunderte später waren es wohl nicht mehr Volksglaube und Schwarz-Weiß-Dualismus, die den Schwarzstorch in ein schlechtes Licht rückten, sondern vielmehr materielle Erwägungen, die zur Verfolgung der Art führten. So gab es um 1744 einen königlich-preußischen Befehl, der die Forstbediensteten verpflichtete, Störche zu schießen. Zum Nachweis wurden die Storchenfüße der Obrigkeit gegen ein Schussgeld ausgehändigt. Als Begründung wurde Schaden an Jagd und Fischerei aufgeführt. Selbst der bekannteste deutsche Ornithologe des 19. Jahrhunderts, J.F. Naumann, schreibt, „die Ständer des Schwarzstorchs seien, dem Jäger von dessen Obrigkeit mit noch mehr Recht als vom weißen Storch gegen ein Schießgeld von 20 bis 60 Pfg. das Paar ausgelöst' worden. Über den Verzehr des Vogels schreibt er: „Das Fleisch dieses großen Vogels mit seinem orange-gelben Fett, das nie häufig ist, wird ebenfalls nicht gegessen, zumal es noch Übel riechender ausdünstet als das des weißen Storchs, so dass Jagdhunde ihn ungern fassen oder apportieren. ...". Allerdings findet sich auch ein gegensätzlicher Hinweis. So hat sich ein Zeitgenosse Naumanns die Brüste eines vom Horste geschossenen Weibchens wie Beefsteak braten lassen und sie sehr gut gefunden.

Schwarz- und Weißstorch – zwei ungleiche Verwandte

Als Nahrungskonkurrent verfolgt

Als Motiv für die Verfolgung ist der menschliche Nahrungserwerb gegenüber dem der Schadensabwehr von der Fischerei immer stärker in den Hintergrund getreten. Als ein Ergebnis jahrhundertelanger direkter Verfolgung muss beispielsweise gewertet werden, dass in den offiziellen Abschusslisten des Herzogtums Sachsen-Meiningen die Artnamen zwar noch aufgelistet sind, Abschusszahlen aber meist schon fehlen. Die Praxis der Prämienzahlung für den Abschuss des Schwarzstorchs dürfte sich wohl bis ins späte 19. Jahrhundert gehalten haben. Erst Anfang des 20. Jahrhunderts nahmen die meisten Fischereivereine davon Abstand und gaben die Prämienzahlung auf. Etwa um 1900 hatte der Schwarzstorch ein absolutes Bestandstief in Deutschland erreicht, so dass eine Bejagung oder Bekämpfung des „Fischereischädlings" nicht mehr notwendig war.

Allmählich begann in der Beziehung zwischen Schwarzstorch und Mensch ein Umdenken. Die Staatliche Stelle für Naturdenkmalpflege in Preußen gab eine Bestandserhebung zum Vorkommen des Schwarzstorches in Auftrag, und der 1911 vorgelegte Abschlussbericht mündete in der Forderung, den Schwarzstorch für die Monarchie Preußen als Naturdenkmal zu schützen. Aber erst mit einer wachsenden Naturschutzbewegung führte die Ausweisung des Schwarzstorchs als Naturdenkmal mit dem Reichsnaturschutzgesetz 1935 zu einem umfassenden Schutz.

Ein erster Bildband mit Fotos von Horst Siewert 1932 widmet sich den beiden bei uns vorkommenden Storchenarten. Der Autor mahnt an und bringt zum Ausdruck, dass man bei der Feststellung des Vorkommens oder der Verbreitung meist ein besseres „Früher" mit einem „Traurigen Heute" vergleichen muss. Früher nicht selten, heute fast vernichtet, so lautet in vielen Fällen die Berichterstattung, der noch hinzugefügt wurde, dass der Fortbestand der Art in den künftigen Jahrzehnten keineswegs gesichert erscheine.

Siewerts Buch ist ein einmaliges Plädoyer für den Schutz von Weiß- und Schwarzstorch und gibt erstmals umfassende Informationen über die Biologie beider Arten in naturgetreuen Bildern.

Sein Fazit lautet: *„Es gibt noch viele sonderbare und schöne Gestalten in unserer Tierwelt, die durch ihr bloßes Dasein jedem empfänglichen Menschen etwas bedeuten, die es lohnen, geschützt und gepflegt zu werden, nur dadurch, dass man ihre Eigenart achtet und ihre Umwelt nicht zerstört".*

Adulter Schwarzstorch im Kronenbereich einer alten Buche – Symbolvogel für den Waldnaturschutz

Heute genießt der Schwarzstorch in weiten Teilen seines Verbreitungsgebietes bei den Menschen eine hohe Wertschätzung und ist Sympathieträger für den Naturschutz. Er ist im Sinne von NATURA 2000 eine Wert gebende Art. Im Rahmen der Umsetzung der Europäischen Vogelschutzrichtlinie wurden deshalb in den EU-Mitgliedsstaaten für den Schwarzstorch die zahlen- und flächenmäßig geeignetsten Gebiete zu Schutzgebieten erklärt. Es werden erhebliche Anstrengungen unternommen, um die Art in diesem Schutzgebietsnetz im Bestand zu erhalten und zu entwickeln. Der Schwarzstorch fungiert als Leitart des Waldnaturschutzes.

So könnte man ihm eigentlich eine günstigere Zukunft prognostizieren. Jedoch steht er in jüngster Zeit wieder mehr denn je in der Diskussion, insbesondere weil im Zuge der Energiewende in nicht geringem Flächenumfang der Bau von Windenergieanlagen (WEA) auf Waldstandorten gefordert wird. Der Konflikt ist vorprogrammiert, da windhöffige Standorte auf bewaldeten Kuppen in Mittelgebirgslagen zugleich die bevorzugten Bruthabitate des störungsempfindlichen Schwarzstorchs sind. Leider wird der Schwarzstorch dadurch zum Spielball der unterschiedlichen Interessen. So titeln z. B. manche Zeitungen: „Schwarzstorch wird zum Totengräber für Windkraftanlagen" oder „Storch macht Windkraft den Garaus". Welch zweifelhafte Rolle kommt dem Schwarzstorch dabei zu und was haben wir Menschen aus der wechselvollen Geschichte gelernt? Lassen wir an dieser Stelle nochmals Horst Siewert zu Wort kommen: „Gibt es eine Anklage, die eine eindringlichere Sprache redet von der verständnislosen Misshandlung des Tieres und seiner Welt, die man nicht achtete, sondern ausbeutete, plünderte und mit einem rohen Griff eines oft nur erdachten Vorteils willen vernichtete? Die Erkenntnis kommt meist zu spät! Aber es hat keinen Zweck, dem Verlorenen nachzuweinen. Nur der Wille, es besser zu machen, kann helfen!"

Systematik und Verwandtschaft

In der Ordnung Schreitvögel werden außer der Familie der eigentlichen Störche auch die Reiher, Ibisse und Löffler zusammengefasst. Recht nah verwandte Arten mit stark abweichendem Äußeren sind der Schuhschnabel *(Balaeniceps rex)* und der Hammerkopf *(Scopus umbretta)*. Die Ordnung der Schreitvögel umfasst nach derzeitiger Systematik 38 Gattungen mit 113 Arten. Obwohl Störche traditionell der Verwandtschaft anderer großer Schreitvögel *(Ciconiiformes)* zugeordnet werden, sind viele Taxonomen heute der Auffassung, dass die Neuweltgeier *(Cathariade)* zur engsten Verwandtschaft der Störche gehören. Die Familie der Störche hat ein hohes stammesgeschichtliches Alter. Erste Vorfahren haben vermutlich bereits im Erdmittelalter, in der Kreidezeit, vor etwa 100 Millionen Jahren gelebt.

Die Störche sind eine große Familie

Gegenwärtig sind 19 Storchenarten bekannt. Die heutige Klassifikation der Störche basiert auf umfangreichen Untersuchungen zu Verhalten und Anatomie. Demnach wird die Familie der Störche in drei Gruppen unterteilt:

- Waldstörche und Klaffschnäbel, 6 Arten (Mycteriini)
- Riesenstörche und Marabus, 6 Arten (Leptoptilini)
- Typische Störche, 7 Arten (Ciconiini)

Ein gebräuchlicher Name für den Schwarzstorch in Mitteleuropa ist auch Waldstorch. Dennoch wird er nicht der Gruppe der „Waldstörche" zugeordnet. Er gehört, wie der Weißstorch, zu den typischen Störchen. Die Ciconiidae sind sämtlich mittelgroße bis sehr große, hochbeinige und langhalsige Vögel mit meist weißem oder schwarzem Gefieder. Die Brutareale liegen überwiegend in wasserreichen Gebieten der subtropischen und tropischen Zonen aller Erdteile. Als Thermiksegler können Störche weit entfernt von den Brutstandorten Nahrung suchen. Der Schwarzstorch, die Waldstörche, Marabu und Adjudanten sind Meister darin, in große Höhen aufzusteigen und dann zu weit entfernten Nahrungsgründen energiesparend zu segeln Dies hilft den Vögeln, ertragreiche Nahrungsgründe zu entdecken. In Ostafrika können in einigen großen Feuchtgebieten bis zu sieben Storchenarten gemeinsam bei der Jagd beobachtet werden. Schwarzstörche gehen in ihren heimischen Brutgebieten nicht selten mehr als 20 Kilometer vom Brutnest entfernt auf Nahrungssuche.

Weiß- und Schwarzstörche brüten im Norden

Weiß- und Schwarzstorch sind als die einzigen in den gemäßigten Breiten der Paläarktis vorkommenden Storchenarten ausgesprochene Zugvögel. Sie verbringen die meiste Zeit des Jahres in ihren Überwinterungsgebieten bzw. auf den Zugwegen. Wanderungen kommen auch bei tropischen Arten vor. Diese sind allerdings bei weitem nicht so ausgeprägt. Im südlichen Afrika gibt es ein von der eurasischen Population weitgehend isoliertes Schwarzstorchvorkommen. Diese Vögel verlassen nach der Brutzeit ihre Reviere und wandern innerhalb Afrikas ab. Der in der halbtrockenen Buschsavanne Senegals und Äthiopiens brütende Abdimstorch oder Regenstorch *(Ciconia abdimii)* findet während der Regenzeit die besten Bedingungen für die Aufzucht seiner Jungen und zieht nach Südafrika, wenn dort die Regenzeit einsetzt.

Störche haben lange, breite Flügel und sind ausgezeichnete Segelflieger. Sie fliegen mit Ausnahme der Marabus (die den Kopf zurückziehen) mit ausgestrecktem Hals. Der bei uns im Wald brütende Schwarzstorch ist zudem ein geschickter und wendiger Flieger, der zwischen den Baumkronen abtaucht, um zwischen Ästen hindurch zu seinem Nest zu fliegen. Dabei beweist er eine außerordentliche Manövrierfähigkeit. Trotz ihrer Größe sind Störche zu akrobatischen Flugmanövern fähig; so können manche im Sturzflug zur Erde niedergehen und sich im Flug überschlagen. Der Zug der Störche findet über den Landflächen statt. Sie fliegen nicht über offene Meere, da sich thermische Winde nur über Landflächen entwickeln. Meere werden an den engsten Stellen (Gibraltar, Bosporus) überflogen.

Konkurrenz um Futterstelle im Rastgebiet – Weißstorch attackiert Schwarzstorch

Die meisten Storchenarten besitzen lange, kräftige und gerade Schnäbel. Nur die Waldstörche haben einen nach unten und der Jabiru *(Jabiru mycteria)* einen leicht nach oben gekrümmten Schnabel. Waldstörche, Marabus und Jabirus haben einen unbefiederten Kopf. In der äußeren Erscheinung zeigen Männchen und Weibchen bei Störchen keine Unterschiede, allerdings sind Männchen oft erheblich größer.

Schwarzstörche vergesellschaften sich während des Zuges

Schwarzstörche gehen in den Brutgebieten allein auf Nahrungssuche. Größere Gruppen werden gebildet, wenn genügend Nahrung vorhanden ist oder in Rastgebieten während der Zugzeiten. In Deutschland sind Ansammlungen von 30 bis 40 Schwarzstörchen während des Herbstzuges bereits eine absolute Seltenheit. Hingegen kann man in traditionellen Rastgebieten Israels viele hundert Vögel gemeinsam Nahrung suchend in Fischteichen oder an Schlafplätzen beobachten.

Die Brutzyklen der Störche sind an bestimmte Jahreszeiten gebunden und werden durch die Verfügbarkeit der Nahrung bestimmt. Nur Weiß- und Schwarzstörche verlassen regelmäßig die Tropen, um im Frühjahr und Sommer in den gemäßigten Zonen zu brüten. Während Nimmersatts *(Mycteria ibis)* gelegentlich Kolonien mit mehreren tausend Nestern anlegen, brüten Schwarzstörche solitär, ohne näheren Kontakt zu ihren Reviernachbarn zu unterhalten. Offenbar gibt es aber auch Abweichungen von diesem Verhalten. So brüten z.B. im Nationalpark Monfrague in der spanischen Estremadura Schwarzstörche im berühmten Geierfelsen weniger als 100 Meter voneinander entfernt. Dies mag vielleicht am Mangel geeigneter Brutplätze in der Umgebung liegen.

Der überwiegende Anteil der Storchenarten brütet auf Bäumen, manche errichten ihre Nester auf Felsen oder auf dem Erdboden. Weißstörche brüten bekannter Weise bevorzugt auf Gebäuden und (bei uns) auch auf Strommasten. Am einmal gewählten Brutplatz halten Störche oft viele Jahre lang fest. Der vom Männchen ausgesuchte Brutplatz wird gegen Eindringlinge verteidigt. Die Balzrituale unterscheiden sich von Art zur Art und können aus Auf- und Abbewegungen, Lautäußerungen und Schnabelklappern bestehen. Der Stimmapparat der Störche ist ohne Muskulatur, weshalb sie fast ausnahmslos nur zischen, pfeifen, piepen, grunzen oder mit dem Schnabel klappern können.

Den meisten Storchenarten ist gemein, dass sie im Bestand bedroht sind. Eine weltweite Auswertung der Roten Listen zeigt, dass 15 von 19 Arten regional bedroht sind und der Schwarzstorch in die wachsende Liste der global gefährdeten Vogelarten aufgenommen werden sollte.

Trotz seiner beachtlichen Größe ist der Schwarzstorch auch im Wald ein geschickter Flieger.

Der Schwarzstorch im Portrait

Der Schwarzstorch ist etwa so groß wie der Weißstorch. Er hat lange Beine, einen langen Hals und einen geraden, langen Schnabel. Das typische Schnabelklappern des Weißstorchs ist ihm nicht eigen. Die mit dem Schnabel verursachten Geräusche sind eher als ein „Schnabelknabsen" zu bezeichnen. Hingegen sind besonders in Nestnähe pfeifende und zischende Rufe zu hören. Die Jungvögel geben am Nest besonders während der Fütterung „japsende" Laute von sich.

Die Flügel sind „brettartig", breit und rechteckig. Im Flug sind die Spitzen der Handschwingen tief eingekerbt und deutlich „gefingert". Wie alle Störche ist auch der Schwarzstorch ein ausgezeichneter Segelflieger. Er fliegt mit rascheren Flügelschlägen und gewandter als der Weißstorch. Der Flug ist sehr kraftvoll. Im geschlossenen Wald weicht er fast spielerisch Hindernissen, wie z.B. Ästen, aus und zeigt sich außerordentlich manövrierfähig. Charakteristisch für die Art ist das Fliegen mit stark verkleinerten, gewinkelten Flügelflächen, besonders beim Einfliegen und Durchfliegen von Baumbeständen.

Der Schwarzstorch auf einen Blick:

Gewicht:	2400–3000 g (3200 g)
Flügelspannweite:	1500–1900 mm (max: 2006 mm)
Flügellänge:	520–600 mm
Körperlänge:	950–1000 mm
Legezeit:	Ende März bis Anfang Mai, meist erste Aprilhälfte; 1 Jahresbrut
Gelegegröße:	3–5 (6) weiße Eier
Brutdauer:	32–36 Tage (beide Geschlechter brüten)
Fütterung im Nest:	60–72 Tage
Nestbindung nach Ausfliegen:	die Juv. kommen nach dem ersten Ausfliegen noch ca. 10–15 Tage zur Fütterung und Übernachtung ans Nest
Nahrung:	Fische (Forelle, Groppe), Wasserinsekten, Amphibien
Alter:	ältester Ringstorch 18 Jahre; ältester Vogel in Gefangenschaft 31 Jahre
Geschlechtsreife:	ab dem 3. Jahr

Eine Verwechselung mit anderen großen Schreitvögeln, wie Reihern, Löfflern und Kranichen, ist besonders im Flug und bei Beobachtung aus größerer Entfernung möglich. Reiher ziehen jedoch im Geradeausflug den Hals ein. Im afrikanischen Überwinterungsgebiet kann es auf den ersten Blick Verwechselungen mit dem Abdimstorch geben, obwohl die Art wesentlich kleiner ist und deren Schnabel und Beine grünlich gefärbt sind; außerdem zeigt der Abdimstorch im Flugbild einen auffallend weißen Rückenfleck.

Das überwiegend schwarze Erscheinungsbild mit dem kontrastierenden weißen Bauch macht den Schwarzstorch fast unverwechselbar. Männchen und Weibchen sind gleich gefärbt. Das Gefieder der Altvögel zeigt bei bestimmten Lichtverhältnissen einen metallischen Glanz. Oberkopf und Hals schimmern grün, die Kopfseiten und der Hals purpur bis violett. Je nach Lichteinfall leuchtet das Gefieder am Unterhals und dem Vorderrücken grün und kupferrot. Neben dem Bauch sind Teile des Brutgefieders sowie die Unterschwanzdecken weiß gefärbt. Im Flug wirkt er kontrastreich. Das weiße Dreieck, das von der Rumpfunterseite und den Achselfedern gebildet wird, setzt sich vom restlichen dunklen Gefieder deutlich ab.

Schwarzstorch im Brutkleid Mitte März, kurz nach der Rückkehr aus dem afrikanischen Winterquartier

Zur Brutzeit (ab Februar) färben sich bei den Altvögeln die unbefiederten Hautpartien wie Augenring, Zügel und Kehlhaut ebenso wie der Schnabel leuchtend rot. Es besteht kein äußerlich erkennbarer Unterschied zwischen den Geschlechtern. Alte Schwarzstörche verlieren zum Herbst hin die intensive Rotfärbung. Im Ruhekleid erscheint die Beinfarbe bräunlich.

Die Männchen sind durchschnittlich etwas schwerer und haben einen leicht nach oben gebogenen Schnabel. Letzteres ist allerdings unter Feldbedingungen schwer zu erkennen und kein allzu sicheres Unterscheidungsmerkmal.

Die flugfähigen Jungvögel tragen ein mattbraunes, glanzloses Gefieder, wobei Hals und Kopf heller wirken. Ihre Schulterfedern, Flügeldecken und Oberschwanzdecken sind deutlich gerandet. Augenring, Zügel und Kehlhaut sind zunächst dunkelgrau und später grünlich. Die Beine sind bei den Nestjungen hell fleischfarben und bei den flüggen, flugfähigen Jungvögeln graugelb.

Die Altersbestimmung nestjunger Vögel anhand der Gefiederentwicklung ist besonders für die wissenschaftliche Beringung von Bedeutung. Die Nestbetreuer müssen eine sichere Altersbestimmung vornehmen, um den Beringungszeitpunkt exakt auswählen zu können. Die Jungvögel dürfen aus spezifischen Artenschutzgründen bei der Beringung nicht jünger als 4 und nicht älter als 6 Wochen sein. Die nachfolgenden Angaben der Entwicklungsschritte junger Schwarzstörche wurden in mehrjährigen Beobachtungen von Schröder & Burmeister (1974) zusammengetragen und durch eigene Beobachtungen ergänzt.

Altersbestimmung nestjunger Schwarzstörche aufgrund der Gefiederentwicklung

1. – 18. Tag Die Jungen sind weiß bedunt.

18. – 22. Tag Der Ohrfleck wird deutlich als dunkler Fleck sichtbar.

22. – 24. Tag Winzige dunkle Spitzen der Handschwingen werden sichtbar. Etwa 3 cm breit erscheint halbkreisförmig das dunkle Rückengefieder. Die entstehende dunkle Gesichtsmaske ist vom Schnabelansatz bis zu den Augen erkennbar.

26. – 28. Tag Die dunkle Markierung der entstandenen Handschwingen erreicht eine Breite bis zu 4 cm. Die ersten dunklen Federn am Flügelbug werden sichtbar. Das Rückengefieder hat den Nacken noch nicht erreicht.

32. – 38. Tag Das Rückengefieder erscheint im Wesentlichen homogen dunkel. Der Nacken ist zum Teil dunkel gesprenkelt. Die seitlich dunkle Gesichtsmaske erreicht von der Schnabelwurzel bis wenig hinter das Auge und geht auch in die entstehende dunkle Kehlgefiederzeichnung über.

40. – 45. Tag Die weißen Dunen der Oberflügeldecken erscheinen beim seitlichen Anblick wie ein etwa 10 cm breiter weißer Streifen, der zur Flügelspitze hin (letzte 15 cm) auffallend die doppelte Breite aufweist.

47. – 49. Tag Die dunkle Gesichtsmaske hat die gesamte Seite des Kopfes erfasst. Dunenreste ziehen sich kammartig über die Kopfmitte vom Schnabelansatz bis zum Nacken wie eine Haube durch. An der Basis von Hals-Brust zeigen sich die ersten dunklen Federn. Der Seitenstreifen ist noch schwach vorhanden.

50. – 56. Tag Hals, Nacken und Scheitel (Haube) sind noch deutlich durch weiße Dunenreste gekennzeichnet. Die dunklen Federn, vom Brustrand am Hals aufsteigend, erreichen die Hälfte der Halshöhe, während die dunklen Federn des Halses dessen oberes Drittel zeichnen. Das durchgehende Weiß der Haube, die Rückenseite des Halses und der obere breite Teil des Rückens bleiben durch die Dunenfärbung erhalten (Seitenstreifen ist bis zum 53. Tag als schwach sichtbarer Rest erhalten).

62. – 72. Tag Am beeindruckendsten ist die Schwarzzeichnung des gesamten Kopfes, der Rückenseite des Halses und des Nackens, weil die Jungvögel nur wirklich auch von der Farbe her als Schwarzstörche bezeichnet werden können. Nach dem 60. Tag sind nur selten wenige Dunenreste auf den Oberflügeldecken und am Hals zu finden.

Weißbedunter Jungvogel mit ausgebreiteten Flügeln. Die Nestgeschwister ducken sich in der Nestmulde. Alter: ca. 2 Wochen.

Der Ohrfleck wird sichtbar. Alter: ca. 3 Wochen

Alter: ca. 3 Wochen

Alter: ca. 3 Wochen

Beim linken, im Nest stehenden Jungvogel sind die Handschwingen bereits deutlich zu erkennen. Alter: ca. 4 Wochen.

Deutlich ist der Altersunterschied der Nestgeschwister zu erkennen. Links im Bild ist der zuerst geschlüpfte Jungvogel zu sehen. Der Ohrfleck ist schon relativ weit entwickelt. Rechts sitzt der jüngste Vogel am Nestrand. Alter: zwischen 3 und 4 Wochen.

Das Rückengefieder ist bereits bis zum Nacken entwickelt. Alter: ca. 5 Wochen.

Die dunkle Gesichtsmaske geht in die Kehl- und Halsgefiederzeichnung über. Dunenreste ziehen sich kammartig über die Kopfmitte. Alter: zwischen 5. und 6. Woche.

in einem leichten „Flaum“ überziehen die Dunenfedern die schwarzen Gefiederpartien der Jungvögel. Alter: ca. Ende der 5. Woche.

Die Jungvögel sind flügge und verlassen bereits das Nest für Flugübungen und erste Ausflüge. Alter: ca. 8 bis 9 Wochen.

Die flüggen Jungvögel halten sich nach dem ersten Ausfliegen noch ca. 2 bis 3 Wochen um den Nistplatz herum auf, bevor sie das Brutrevier verlassen. Alter: ca. 10 Wochen.

Jungstorch auf der Zwischenrast in Israel: Alter ca. 6 Monate.

Lebensraum

Der Schwarzstorch brütet in Europa überwiegend auf Bäumen in störungsarmen, urwüchsigen und gewässerreichen Laub- und Mischwäldern. Bei der Wahl des Nestplatzes ist er nicht auf einen bestimmten Waldtyp beschränkt. Vielmehr nutzt er ein relativ breites Spektrum von Lebensräumen, die als Bruthabitat in Betracht kommen. In den Niederungen sind dies bevorzugt Sumpf-, Bruch- und Auwälder mit angrenzenden nassen Wiesen und Mooren. Dort, wo Auwälder noch in ihrer natürlichen Ausprägung erhalten geblieben sind, wie z.B. in den Saveauen in Serbien, dem Gemenc-Schutzgebiet an der ungarischen Donau und am mittleren Pripjet in Weißrussland, erreichen Schwarzstörche vergleichsweise hohe Siedlungsdichten. Dort sind es besonders alte, knorrige Eichen, die zur Anlage des Nestes genutzt werden. Eichen eignen sich aufgrund ihrer Kronenstruktur besonders gut für die Anlage der sehr großen, viele Zentner schwer werdenden Nester.

Dank konsequenter Schutzmaßnahmen hat der Schwarzstorch seit den 1970er Jahren im Zuge seiner nach Südwesten verlaufenden Brutarealverschiebung wieder verstärkt die Mittelgebirgsräume Deutschlands – die er in früheren Jahrhunderten bis zu seiner Ausrottung bereits innehatte – und angrenzender Länder (z.B. Belgien, Luxemburg) besiedelt. Hier siedelt der Schwarzstorch nicht in Auwäldern, sondern die alten Buchenwälder in den Hanglagen der Mittelgebirge mit ihren Quellbereichen und zahlreichen Bächen sind die bevorzugten Brutareale.

Die Nähe solcher Strukturen erweisen sich als Vorteil, wenn die Jungen das erste Mal das Nest verlassen und lange Zeit an solchen feuchten Stellen verbringen, um den Fang von Wasserinsekten und Amphibien zu erlernen. Offenbar scheint ein Mindestmaß an Habitatverbundstrukturen und insbesondere auch die geringe Distanz zwischen Neststandorten und Quellen oder Fließgewässern ein wesentlicher Faktor für die Wahl des Neststandortes im Wald zu sein.

Hessische Untersuchungen zeigen, dass die Gewässerstrukturgüte von Fließgewässern eng mit dem Vorkommen des Schwarzstorchs in diesem Mittelgebirgsland korreliert. Neststandorte des Schwarzstorchs befinden sich bevorzugt im Umfeld von Fließgewässern mit hoher Güte (Klasse 1 bis 3).

Alte, knorrige Bäume werden zur Nestanlage bevorzugt

Bedeutsamer für die Nestplatzwahl im Vergleich zum Waldtyp ist das Bestandsalter. Eine Bevorzugung von Altbeständen entspricht allgemeiner Erfahrung und ist vielfältig belegt. Buchen werden beispielsweise bevorzugt ab einem Alter von 140 Jahren zur Nestanlage genutzt. In der Regel bilden nur solch alte Bäume eine Krone aus, die von ihrer Struktur und Stabilität den Ansprüchen des Schwarzstorchs für die Nestanlage genügt. Immerhin gehören die Nester unseres „Waldstorchs" zu den größten in der Vogelwelt und können bei langjähriger Nutzung einen Durchmesser von 1,50 m und eine Höhe von über 1 m erreichen.

Alte, großkronige Eichen eignen sich hervorragend für die Nestanlage. Hier können Schwarzstörche die bis zu 1,80 m langen Äste zu einem sicheren Nest verbauen (Foto: W. Schindler).

Ein weiterer wesentlicher Aspekt bei der Wahl des Brutlebensraumes ist der Standort des Nestbaumes innerhalb des Bestandes bzw. das Nestumfeld. Der Schwarzstorch bevorzugt nicht zu dichte Bestände. Der freie An- und Abflug zum Nest muss gewährleistet sein. Deshalb werden hallenartige Waldbestände bevorzugt. Stehendes Totholz im direkten Umfeld zum Nest mit der Möglichkeit des Sichtkontaktes zum Nest wird von den Alt- und auch Jungstörchen bevorzugt als Ansitz und Ruheplatz genutzt.

Eine starke Naturverjüngung im Nestumfeld ist nicht förderlich und wird gemieden, da Jungvögel sich nach dem Ausfliegen ein bis zwei Wochen bevorzugt am Waldboden im Nestumfeld aufhalten. Durch dichten Bewuchs würde die Jungvögel dort nach dem Ausfliegen in ihrer Bewegungsfreiheit stark eingeschränkt werden. Außerdem besteht in solchen Dickungen ein erhöhter Feinddruck beispielsweise durch Wildschweine oder Füchse.

Nicht selten fliegen die Schwarzstörche über einen Waldweg oder eine Lichtung den Neststandort an. Offenbar spielen auch die aerodynamischen Verhältnisse bei der Auswahl des Brutplatzes eine Rolle. Meist sind es Waldhanglagen, mit Ausnahme von Nordhängen, die die Voraussetzung für eine gute Thermik haben.

Selten zum Beispiel in Südwesteuropa sowie im südlichen Afrika (Transvaal) und hier und da in seinem riesigen Weltverbreitungsgebiet ist der Schwarzstorch auch Felsbrüter. Das heißt, dass er bei der Wahl des Nestplatzes, wenn alle anderen Habitatparameter passen, durchaus von den üblichen Mustern abweichen kann. Demzufolge ist es auch erklärlich, dass er in Ermangelung geeigneter Nestbäume in Deutschland nicht allzu selten auf Jagdkanzeln brütet. Vereinzelte Felsbruten sind in Deutschland aus dem Elbstandsteingebirge in Sachsen bekannt.

Dieser ungewöhnliche Brutplatz auf einer halb umgestürzten Buche in einer Schlucht ist ein Indiz für das Fehlen geeigneter Brutbäume (Foto: K.-H. Weber).

Die Anlage des Nestes auf der Gabel eines Seitenastes dieser Buche ist nicht sicher. Oft stürzen solche Nester ab; nicht selten in der Brutzeit (Foto: R. Hansen).

Gar nicht so selten brüten Schwarzstörche bei uns auf Jagdkanzeln, wie dieses Beispiel aus Hessen zeigt (Foto: E. Richter).

Im Frankenwald dominiert stellenweise die Fichte als Brutbaum (Foto: C. Rohde).

Die Wahl eines Neststandortes kann viele Gründe haben

Dass auch Waldtypen wie beispielsweise der von Fichten dominierte Frankenwald erstaunlich hohe Siedlungsdichten hervorbringen können, zeigen aktuelle Untersuchungen des Schwarzstorchspezialisten Carsten Rohde. Er stellte dort Siedlungsdichten von zehn bis zwölf Paaren pro 100 km^2 fest, also Werte, die in etwa den sehr hohen Brutdichten osteuropäischer „Optimalhabitate" entsprechen. Daraus lässt sich ableiten, dass der Waldtyp zwar ein wesentlicher Faktor für die Ansiedlung ist, aber andere Aspekte wie Nahrungsverfügbarkeit und Ungestörtheit von gleicher Bedeutung sind. Die „Störungsarmut" bzw. die Ruhe am Nistplatz ist entscheidend für den Erfolg der Brut. Bei langjährig besetzten Brutplätzen ist der Bruterfolg in der Regel höher. Nestbaumnutzungen in abgelegenen Gegenden Nordostpolens und im Spreewald sind über Jahrzehnte (> 50 Jahre) hin belegt. Derartig lange Nestnutzungszeiten sind in solchen Gegenden nur möglich, da sich deren Brutumfeld, also der Brutplatzcharakter, wenig verändert hat, und die Standorte weitgehend frei von Störungen geblieben sind. In unseren Wirtschaftswäldern finden Nestwechsel oft schon nach 2 bis 3 Jahren statt. Wo günstige Bedingungen gegeben sind, sind aber auch bei uns Nester bekannt, die mehrere Jahrzehnte ununterbrochen besetzt sind.

Wichtig ist ein intakter Habitatverbund

In optimalen Schwarzstorch-Habitaten liegen die Brut- und Nahrungsplätze nicht weit auseinander. Die in der Brutzeit nutzbaren Nahrungsgebiete müssen vom Nest aus mit möglichst geringem Energieaufwand erreichbar sein. Dennoch ist bekannt, dass Schwarzstörche Nahrungshabitate nutzen, die mehr als 20 km vom Nest entfernt sind. In den belgischen Ardennen haben telemetrische Untersuchungen gezeigt, dass etwa 55 % aller Nahrungsflüge eines Brutpaares innerhalb eines Radius von weniger als 10 km stattfanden. Eindeutige Regeln lassen aber auch hier nicht aufstellen, da die Nahrungsverfügbarkeit von vielen Faktoren abhängig ist. Beispielsweise können Starkregenereignisse zu einem Wasseranstieg und Trübung der Fließgewässer führen, in deren Folge die Hauptbeutetierarten wie Bachforelle und Groppe kaum noch verfügbar sind. Dies macht die Nutzung anderer, vielleicht auch weit entfernter Nahrungsquellen erforderlich. In diesem Zusammenhang ist von entscheidender Bedeutung, dass die innerhalb des Aktionsraumes gelegenen Habitate ein über die gesamte Brutsaison weitgehend gleich bleibendes, zur Jungenaufzucht sogar noch gesteigertes Nahrungsangebot hervorbringen müssen. Die Bedeutung eines Habitatverbundnetzes wird hier besonders deutlich.

Neben den Fließgewässern und Quellbereichen trifft man den Schwarzstorch regelmäßig an Waldtümpeln oder auch an Altwässern an. Ferner nutzt er kurzscherige Waldwiesen zur Jagd auf Insekten (Heuschrecken) und Amphibien. In den letzten Jahrzehnten hat der Biber, der auch in Deutschland im Bestand stark angewachsen ist, durch seine Tätigkeit als Wasserbauer zur Vermehrung der Nahrungsgründe für den Schwarzstorch beigetragen. Es ergibt sich also, dass der Schwarzstorch in der Lage ist, eine ganze Reihe von Habitattypen für die Nahrungssuche zu nutzen. Dennoch zeigt er bei der Nahrungshabitat-Nutzung eine deutliche Präferenz für Bäche mit Ufergehölzen. Hier kann er unter dem „Schirm" bzw. der Deckung des Uferbegleitsaumes ungestört seiner Nahrungssuche nachgehen. Zur Nahrungssuche während des Zuges und im Überwinterungsgebiet werden Bäche und Flüsse nicht mit der Dominanz, wie es für Brutzeit charakteristisch ist, genutzt. Vielmehr werden Flussauen mit Altwässern und offenen Überschwemmungsflächen, Tümpel, Weiher, Sümpfe, Küstenbereiche und Haffgewässer zum Rasten und zur Nahrungssuche genutzt. Eine besondere Bedeutung als Rasthabitate haben Fischteiche während des Zuges. In Israel, wo der weitaus größte Anteil der Weltpopulation durchzieht, rasten nicht selten hunderte Schwarzstörche an den mehrere Tausend Hektar umfassenden Fischteichkomplexen.

Naturnaher Bachlauf mit Ufergehölzbewuchs und natürlicher Vielfalt von Steinen und Kieseln. Hier hat der Schwarzstorch Deckung und findet auch reichlich Nahrung (Foto: B. Rittershofer).

Verbreitung und Bestand

Foto: R. Hansen

Das Brutareal des Schwarzstorchs ist das größte aller 19 weltweit vorkommenden Storchenarten. Mit Ausnahme der räumlich getrennten Brutvorkommen im südlichen Afrika erstreckt sich sein riesiges Verbreitungsgebiet auf die gemäßigt-boreale und mediterrane Klimaregion Eurasiens. Es reicht von Portugal über den gesamten eurasischen Kontinent bis an den Pazifik. Das Brutareal lässt drei räumlich abgrenzbare Populationen erkennen. Von den zwei nördlichen Populationen überschneiden sich die Durchzugs- und Überwinterungsgebiete teilweise, da das Jahresverbreitungsgebiet Westafrika, Ostafrika sowie Nordindien und Südchina einschließt. Von den „Südziehern", also von den Schwarzstörchen, die über den Bosporus und Israel nach Ostafrika zum Überwintern ziehen, gelangen offenbar auch einige Individuen bis ins südliche Afrika; dies bestätigen zumindest neuere telemetrische Untersuchungen aus Lettland. Noch vor wenigen Jahren ging man davon aus, dass die „Standby-Population" im südlichen Afrika keinen Kontakt zu den Artgenossen der eurasischen Population hat. Ob es eine genetische Divergenz der verschiedenen Populationen gibt, ist bisher nicht bekannt.

Obwohl der Schwarzstorch ein solch riesiges Verbreitungsgebiet hat, ist er nirgends häufig und eher spärlich vorkommend. Vielerorts ist sein Bestand bedroht. Der Gesamtweltbestand wird aufgrund von Planbeobachtungen an den Zugscheiden (z.B. Bosporus, Israel, Gibraltar) und Zählungen in den Überwinterungsgebieten auf ca. 15.000 Brutpaare geschätzt. Wobei ein Verbreitungsschwerpunkt im östlichen Mitteleuropa in einem relativ kleinen Gebiet an der östlichen Ostsee in den baltischen Staaten Estland, Lettland, Litauen sowie im russischen Teil Ostpreußens liegt. Außerdem beherbergen Weißrussland und Polen mit ihren großen Sumpfgebieten und einsamen Wäldern wesentliche Anteile des europäischen und des Weltbestandes. Mit 5600 bis 7500 Brutpaaren besitzt Europa annähernd die Hälfte des Weltbestandes.

„Buchonia" – das Land der Schwarzstörche

Der Schwarzstorch gehörte in Mitteleuropa sicherlich immer zur autochthonen Fauna. Die großen zusammenhängenden und vom Menschen nur dünn besiedelten Wälder in „Buchonia", wie das Land der Germanen von den Römern bezeichnet wurde, boten dem Schwarzstorch ideale Lebensbedingungen. Wahrscheinlich korrespondierte das historische Brutareal eng mit der Waldverbreitung. Es gibt allerdings kaum Literatur, die diese Vermutung untermauert. Der berühmte Schweizer Naturkundler und Ornithologe Conrad Gessner (1555) zumindest beschreibt den Schwarzstorch als Brutvogel in gebirgigen und bewaldeten Gegenden der Schweiz. Ausdrücklich schließt er eine Verwechslung mit dem damals noch im Alpenraum vorkommenden Waldrapp aus. Schriften aus dem 19. Jahrhundert belegen, dass der Schwarzstorch zu dieser Zeit in vielen Gegenden häufiger vorkam als heute. Beispielsweise waren um 1850 in Dänemark noch 150 Brutplätze bekannt. 1942 hat dort wohl letztmals ein Schwarzstorch gebrütet. Die Ursachen von Brutarealverschiebungen und Bestandsveränderungen lassen sich aufgrund ihrer Komplexität nur in wenigen Fällen schlüssig klären. Der Schwarzstorch liefert allerdings ein gut dokumentiertes Beispiel dafür, wie eine Art in relativ kurzer Zeit aufgrund intensiver Verfolgung zuerst weite Teile ihres Verbreitungsgebietes aufgegeben hat und sie nun dank weit reichender Schutzmaßnahmen sukzessive wiederbesiedelt.

Um die Mitte des 19. Jahrhunderts setzte, bedingt durch die andauernde rigorose Verfolgung durch Abschuss, Aushorstung und Eiersammler sowie eine sich verändernde Forstwirtschaft, ein permanenter Bestandsrückgang ein, in dessen Folge die Verbreitungsgrenze weit nach Osten zurückwich. Fast alle Brutvorkommen im westlichen Mitteleuropa waren erloschen. Lediglich die Brutbestände auf der iberischen Halbinsel und ein kleines Vorkommen in der Lüneburger Heide in Deutschland retteten sich über die Zeit. Um 1930 verlief die westliche Verbreitungsgrenze des geschlossenen Brutareals in einer Linie von Schwerin über Brandenburg, Legnica nach Bratislava. Während die Bestände in West- und Mitteldeutschland um 1900 erloschen waren, konnten für das damalige Ostpreußen und auch für Lettland bedeutende Bestandszunahmen festgestellt werden. Offenbar waren dies die Keimzellen einer seit den 1930er und 1940er Jahren wieder stattfindenden Ausbreitung in ehemalige westliche Brutgebiete. Die Unterschutzstellung des Schwarzstorches und Ausweisung als „Naturdenkmal" begünstigte diesen Prozess maßgeblich. Die Wiederbesiedlung ehemaliger Brutgebiete im Westen war auch deshalb möglich, weil die „Ostseepopulation" stark prosperierte und die Jungvögel sich verstärkt im Westen ansiedelten.

Schutzmaßnahmen ermöglichten ihm die Rückkehr

Diese Wiederbesiedlung fand in zwei Ausbreitungswellen statt. Dabei gründete der Schwarzstorch Vorposten maximal 300 bis 350 km westlich der geschlossenen Verbreitungsgrenze und besiedelte den dazwischen liegenden Raum in rund 35 bis 40 Jahren. Mindestens seit Anfang der 1970er Jahre hat die Wiederbesiedlung vieler ehemaliger westdeutscher Brutgebiete stattgefunden. Seit der Jahrtausendwende stagniert dieser Prozess offenbar wieder, wobei allerdings an der West- und Südwestgrenze des derzeitigen Brutareals immer noch Bestandszunahmen zu verzeichnen sind. Derzeit reicht die Verbreitungsgrenze über Zentralfrankreich nach Westen hinaus, wobei die Brutbestände in Frankreich mit < 50 Paaren immer noch als sehr gering zu bezeichnen sind. Ob und inwieweit die Brutarealverschiebung nach Westen weiter vonstattengeht, lässt sich nur schwer prognostizieren. Sicherlich jedoch ist der Schwarzstorch von unserem Wohlwollen abhängig. Nur konsequente Schutzmaßnahmen, wie sie z.B. auch die EU-Vogelschutzrichtlinie fordert, können einen guten Erhaltungszustand des seltenen Waldstorches ermöglichen.

Anfang des 20. Jahrhunderts war der Schwarzstorch in Deutschland sehr selten und hatte wahrscheinlich ein absolutes Bestandstief. Selbst im Zeitraum zwischen 1950 und 1960 brüteten in den Grenzen des heutigen Deutschlands lediglich 10 bis 25 Paare, mit Schwerpunkt in Ostdeutschland. In Westdeutschland waren zu dieser Zeit regelmäßige Brutvorkommen nur in der Lüneburger Heide in Niedersachsen und der Oberpfalz (Bayern) bekannt. Von 1961 bis 1970 wuchs der Brutbestand langsam auf ca. 35 Paare an. Um 1990 waren es bereits 140 Brutpaare und 10 Jahre später ca. 400 Paare. Aktuelle Bestandserfassungen im Rahmen der Kartierungen zum Deutschen Brutvogelatlas (ADEBAR) und des Monitorings seltener Arten zeigen, dass der Schwarzstorch nochmals deutlich auf ca. 650 Paare zugenommen hat. Die Verbreitungsschwerpunkte liegen in den fließgewässerreichen Mittelgebirgswäldern in Mittel- und Südostdeutschland. Die Kerngebiete seiner Verbreitung sind Harz, Solling, Nordhessisches Bergland, Rothaargebirge, Sauerland, Westerwald, Vogelsberg, Rhön, Thüringer Wald, Frankenwald, Fichtelgebirge, Oberpfälzer Wald, Sächsisches Bergland, Erzgebirge und Elbsandsteingebirge. Ferner haben die Auwälder an Elbe und Oder in Brandenburg und Sachsenanhalt eine wesentliche Bedeutung als Brutgebiet für den Schwarzstorch.

Die seit einigen Jahrzehnten stattfindende Bestandszunahme des Schwarzstorchs in den meisten mitteleuropäischen Brutgebieten ist das Ergebnis des konsequenten Artenschutzes. Letztendlich „füllt" der Schwarzstorch nur das einst durch die intensive menschliche Verfolgung verloren gegangene Terrain wieder auf. Der positive Bestandstrend beim Schwarzstorch wird heute nicht selten euphorisch bewertet. Er darf allerdings nicht darüber hinwegtäuschen, dass der Schwarzstorch immer noch recht selten ist und nur in geringen Siedlungsdichten bei uns vorkommt. Leider liegen keine absoluten Vergleichszahlen aus früheren Jahrhunderten vor. Jedoch ist davon auszugehen, dass der Schwarzstorch früher wahrscheinlich noch weiter verbreitet war und häufiger vorkam als heute. Die ersten Bruten des Schwarzstorchs in den 1970er Jahren konnten in aller Regel in den Gebieten nachgewiesen werden, in denen auch in früherer Zeit Vorkommen bekannt waren.

Zugverhalten und Überwinterung

Der Schwarzstorch ist, wie der Weißstorch auch, ein thermikabhängiger Zugvogel, der über Land zieht und die vor ihm liegenden Meere an den engsten Stellen passiert. Er zählt zu den typischen Schmalfrontziehern. Europäische Schwarzstörche überwintern in Ost- und Zentralafrika sowie in Westafrika. West- und mitteleuropäische Schwarzstörche nutzen eine südwestliche Zugroute. Sie passieren die südandalusische Küste Spaniens zwischen Tarifa und Gibraltar und queren dann die Meerenge zwischen Europa und Afrika. Nach 12 bis 19 km Flug erreichen die Störche das afrikanische Festland in Nordmarokko und wandern dort über das Atlasgebirge weiter nach Westafrika. Senegal und West-Mali mit dem Senegalflusssystem und das Niger-Delta sind bevorzugte Überwinterungsgebiete der Schwarzstörche.

In den letzten Jahren hat der Winterbestand von Schwarzstörchen in Südwest-Spanien kontinuierlich zugenommen. Besonders das Guadalquivir-Delta mit seinen angrenzenden Reisfeldern scheint dem Schwarzstorch ideale Lebensbedingungen zu bieten. Offenbar spielt das Massenvorkommen des Roten Amerikanischen Sumpfkrebses *(Procambarus clarkii)* als Nahrungsbasis dort eine entscheidende Rolle. Seit Mitte der 1980er Jahre hat sich das südwestliche Spanien zu einem bedeutenden europäischen Überwinterungsgebiet für Schwarzstörche entwickelt.

Die Schwarzstörche der osteuropäischen Population folgen einer südlich bzw. südöstlich verlaufenden Route. Sie fliegen am Bosporus entlang eines ca. 30 km langen Talzuges, um schon nach 1 bis 3 km Wasserquerung den asiatischen Kontinent zu erreichen. Im weiteren Zugverlauf, nach Passage der Türkei und Syriens fliegen sie über Israel weiter in ihre ostafrikanischen Überwinterungsgebiete. Israel hat als Durchzugskorridor zwischen den Wüstengebieten im Osten und dem Mittelmeerraum im Westen für eurasische Schwarzstörche weltweit eine herausragende Rolle.

Die „Zugscheide", also der Raum, der Ost- und West-Zieher der mitteleuropäischen Population trennt, ist nicht eindeutig zu definieren. Ringfunde und Telemetriestudien haben gezeigt, dass es eine erhebliche Streuung an Zugrichtungen gibt. Die Zugscheide ist vielmehr ein indifferentes Band, welches sich von der Tschechischen Republik weiter in diagonaler Nordwestrichtung, parallel etwa dem Elbtal folgend, bis Richtung Dänemark erstreckt. Eine genauere Abgrenzung erscheint nicht sinnvoll, da sich im Grenzbereich Ost- und Westzieher paaren. Sogar Nestgeschwister können sich für ungleiche Abzugsrouten entscheiden. So wurde beispielsweise 1925 an einem dänischen Nest fünf Junge beringt, von denen zwei die West- und die anderen die Ostroute einschlugen; bzw. wurde 2009 ein polnischer Jungvogel im Taunus auf dem Zug nach Westen beobachtet. Ein Geschwister wurde einige Wochen später in Israel gesichtet.

Bisher nicht untersucht ist der Verlauf der Zugscheide innerhalb Asiens, die eine Trennung zwischen Überwinterern im Nahen Osten und Afrika sowie in Mittelasien erkennen lässt.

Die meisten mitteleuropäischen Schwarzstörche verlassen ihre Brutgebiete von Mitte August bis Anfang September. Jungvögel ziehen meist eher und unabhängig von ihren Eltern. Die zeitliche Differenz kann mitunter bis zu 4 Wochen betragen. Bei den Altstörchen treten die Partner fast ausschließlich getrennt die Reise an. Bevor Schwarzstörche die bekannten Meerespassagen (Gibraltar, Bosporus) anfliegen, bilden sie bevorzugt an geeigneten Nahrungshabitaten regional mitunter größere Zug- und Rastgemeinschaften. Besonders die Flussauen von Oder, Elbe und Donau mit deren Zuflüssen wie auch größere Fischteichkomplexe sind solch bedeutende Rastgebiete. 40 bis 50 Schwarzstörche können dort in Trupps beobachtet werden. Mit Israel, wo sich Teile der europäischen und asiatischen Populationen vereinen, ist dies allerdings kaum zu vergleichen. Als höchste herbstliche Tageszahlen wurden dort in den Negev-Bergen 2400 Individuen festgestellt. An den Fischteichkomplexen des Landes können zur Rastzeit regelmäßig mehrere hundert Vögel beobachtet werden mit Tageszahlen von manchmal > 3000. Dies unterstreicht nochmals die Bedeutung Israels als weltweit wichtigstes „Transitland" für den Schwarzstorch. Dies wird auch im Vergleich der Durchzugszahlen deutlich. In Gibraltar passieren nach Zugplanbeobachtungen ca. 3000, am Bosporus 7000 bis 9000 und in Israel annähernd 25.000 Individuen die Knotenpunkte des herbstlichen Zuges.

Der Schwarzstorch ist ein eleganter Segelflieger (Foto: U. Rösch).

Die westziehenden Schwarzstörche passieren auf ihrem Heimzug in die Brutgebiete Gibraltar ab Ende Februar, so dass sie ihre Neststandorte in Mitteleuropa in der Regel bereits ab Mitte März besetzen. Schwarzstörche, die schon Ende Februar bzw. Anfang März in ihren Brutgebieten ankommen, gehören mit großer Wahrscheinlichkeit zu denen, die in Spanien überwintern und somit wesentlich kürzere Zugwege haben. Schwarzstörche der östlichen Population besetzten etwa 2 Wochen später ihre Brutgebiete. Dies ist mit dem ca. 2000 km längeren Zugweg über den Bosporus zu erklären.

Die Zugstrecke in die westafrikanischen Winterquartiere beträgt ca. 5000 Kilometer. Die täglichen Zugleistungen sind von den örtlichen Wetterlagen und den eingelegten Pausen abhängig. G. Jadoul hat in dem Projekt „Cigognes sans frontieres“ mittlere Fluggeschwindigkeiten von 38 km/h mit Spitzengeschwindigkeiten von 60 bis 70 km/h festgestellt. Die mittlere tägliche Zugleistung gibt er mit 6 bis 7 Stunden an. So sind bei guten Witterungsverhältnissen (stabile Hochdrucklage) mit Rückenwindunterstützung Tagesetappen von 568 km nachgewiesen worden. Ein mit einem Sender versehener französischer Schwarzstorch hat am 4. September 1999 sein französisches Brutgebiet verlassen und ist bereits am 29. September im Südwesten Malis im Überwinterungsgebiet angekommen. Dabei hat er große Teile Frankreichs, Spanien, Marokko und Mauretanien komplett überquert.

Beringung und Telemetrie bringen neue Erkenntnisse

Die neueren, detaillierten Erkenntnisse über Zugleistung und Winteraufenthaltsorte resultieren aus den Ergebnissen von Satelliten-Telemetrieprogrammen engagierter tschechischer, belgischer, französischer, luxemburgischer, estnischer und lettischer Schwarzstorchforscher. In zwei Projekten wurden zwischen 1995 und 2000 insgesamt 61 Alt- und Jungstörche mit Sendern versehen. Wobei das Projekt „Cigognes sans frontieres“ Aussagen über die Südwestroute lieferte und das tschechische Projekt „Afrikan Odyssey“ aufgrund seiner geographischen Zuordnung (Zugscheide) neben der südwestlichen auch Ergebnisse über die südöstliche Route erbrachte. Ein jüngstes Ergebnis eines in Frankreich besenderten und in Deutschland brütenden Storches aus 2014 macht deutlich dass es Individualergebnisse sind und die insgesamt geringe Anzahl besenderter Störche noch keine Beurteilung der ganzen Art zulässt.

Etwa zeitgleich, im Jahr 1994, wurde ein Internationales Schwarzstorch-Farbmarkierungsprogramm aufgelegt, an dem sich inzwischen mehr als 20 Nationen beteiligen. Die Schwarzstorchforscher erhoffen sich ergänzende und weiterreichende Informationen zum Zugverhalten (Routenwahl, Zwischenrastplätze) und zur Wahl von Überwinterungsplätzen. Weiterhin sind Aussagen zu möglichen Todesursachen auf den Zugwegen und in den Überwinterungsgebieten zu erwarten. Ein besonderes Interesse haben die Wissenschaftler an Fragestellungen zur Ansiedlungsentfernung und -richtung junger, geschlechtsreifer Schwarzstörche im Verhältnis zum Geburtsort. Wenn auch noch keine umfassende Auswertung der Ringablesungen erfolgt ist, so zeichnet sich ab, dass die Ansiedlung der im Alter von 3 Jahren erstmals brütenden Störche sehr unterschiedliche weit vom elterlichen Neststandort (Schlupfort) erfolgt. So hat sich beispielsweise ein 2009 im Vogelsberg nestjung beringter Schwarzstorch in Burgund angesiedelt und hat dort 2014 gebrütet; ein in der Rhön beringter Storch hat sich in der Nähe in Thüringen angesiedelt und ein im hessischen Taunus beringtes Tier hat einen Brutversuch im Westerwald gestartet.

Dieser Jungstorch wurde Mitte Juni 2014 im Naturraum Vogelsberg beringt und rastete im August einige Tage in der Lahnaue südlich von Marburg (Foto: A. Müller).

Beringter Jungstorch im Nahrungshabitat. Die Buchstaben-Zahlenkombination auf dem Kennring ist mit einem Fernrohr gut abzulesen (Foto: C. Rohde).

Deutschland beteiligt sich seit 2005 an diesem Programm. Beringer ist der Schwarzstorchspezialist Carsten Rohde aus Mecklenburg, der mittlerweile mehr als tausend Jungvögel markiert hat. Die Jungvögel erhalten im Alter zwischen vier und sechs Wochen je einen Vogelwarten-Ring und einen farbigen Kunststoff-Kennring. Die Kennringe werden über dem Intertarsalgelenk (dem „Knie") angebracht und sind aus einiger Entfernung ablesbar. Die Beschriftung besteht aus einer Kombination von Buchstaben und Zahlen, die zusammen mit der Farbe des Ringes individuell jeden Schwarzstorch kennzeichnen. Deutschland verwendet weiße Ringe mit schwarzen Zahlen und Buschstaben (z.B.: TN 9), wobei das „T" dem Landescode entspricht.

Die Erfahrungen aus den letzten Jahren zeigen, dass bei guter Vorbereitung und professioneller, umsichtiger Vorgehensweise die Nestlingsberingung aus störungsökologischer Sicht für die Vögel kein Problem darstellt. Brutplatzaufgaben sind in diesem Zusammenhang nicht bekannt geworden. Letztendlich liefert die Beringung wichtige Erkenntnisse, die dem Schutz der Art zu Gute kommen. Schwarzstorch-Ringablesungen können direkt an Carsten Rohde (blackstork@web.de) oder den zuständigen Vogelwarten (Helgoland, Hiddensee, Radolfzell) gemeldet werden.

Gefährdung und Schutzmaßnahmen

Wenn auch der Schwarzstorch in seinen mitteleuropäischen Brutgebieten seit der Wiederbesiedlung kontinuierlich zugenommen hat, so ist und bleibt er dennoch in den überwiegenden Teilen seines Verbreitungsgebietes eine hochgradig gefährdete Art. Der Bestandsrückgang in vormaligen Quellenpopulationen seit etwa Ende der 1980er Jahre in den baltischen Ländern und Polen kann offenbar nicht durch das Anwachsen anderer, viel kleinerer Populationen ausgeglichen werden. Dabei stellt sich heraus, dass viele Neufunde keine Neuansiedlungen sind, sondern bestehende Brutplätze, die durch systematische Suche erst jetzt festgestellt wurden. Deshalb ist die Gesamtsituation immer noch als kritisch zu bewerten. Schutzbemühungen sind daher weiterhin dringend geboten und das nicht nur im nationalen Rahmen, sondern im internationalen Kontext. Das artspezifische Verhalten und die Analyse der Gefährdungsfaktoren im Jahresverbreitungsgebiet sind die Basis für wirkungsvolle Schutzmaßnahmen. Neben den nationalen Naturschutzgesetzen sind auf europäischer Ebene insbesondere die EU-Vogelschutzrichtlinie und darüber hinaus das Abkommen zur Erhaltung der afrikanisch-eurasischen wandernden Wasservögel (AEWA) wesentliche Instrumente zum Schutz des Schwarzstorchs. Es bleibt allerdings verstärkt darauf zu achten, dass die Rechtsgrundlagen auch eingehalten und umgesetzt werden.

Verfolgung

Anfang des 20. Jahrhunderts war die direkte Verfolgung durch den Menschen der Hauptgefährdungsfaktor. Abschuss, Aushorstung und Gelegeentnahme brachten den Schwarzstorch an den Rand des Aussterbens. Obwohl auch heute noch vereinzelt Störche Opfer gezielter Nachstellungen in den Brutgebieten (Abschuss, Fang in Tellereisen) werden, spielen diese Faktoren nach der Unterschutzstellung in den meisten europäischen Ländern keine wesentliche Rolle mehr.

Anders sieht es hingegen auf dem Zug und in den Überwinterungsgebieten aus. Abschüsse ziehender Schwarzstörche sind sowohl auf der Ost- als auch auf der Westroute vielfach belegt. Besonders schmerzlich zeigte sich dies beim Verlust von sechs Schwarzstörchen, die auf dem Herbstzug in den französischen Pyrenäen abgeschossen wurden. Es handelte sich um Vögel, die von belgischen und luxemburgischen Schwarzstorchforschern im Rahmen des Projekts „Cigognes sans frontières“ mit Sendern versehen wurden. Auch in Spanien und Italien wird die illegale Jagd nach wie vor als eine Hauptbedrohung für ziehende Schwarzstörche in Europa gewertet. Ebenfalls muss die Verfolgung in Vorderasien sowie den

links: Mit Netzen überspannte Fischteichanlagen sind für den Schwarzstorch sehr gefährlich. In dieser Teichanlage strangulierte sich ein Altvogel während der Brutzeit. Der Verlust der Brut war damit verbunden (Foto: W. Schindler).

rechts: Dieser Jungstorch hat Glück gehabt. C. Rohde hat den Vogel aus der tödlichen Netzfalle befreit. In Israel, wo diese Aufnahme entstanden ist, kommen jährlich zahlreiche Störche so ums Leben.

Überwinterungsgebieten Afrikas und Asiens sehr ernst genommen werden. Man geht davon aus, dass etwa ein Fünftel der Überwinterungspopulation Opfer von Abschüssen wird. Beispielsweise ist in Nigeria die gezielte Jagd auf Schwarzstörche bekannt. Umso bedeutender erscheint vor diesem Hintergrund das pädagogische Programm im Rahmen des Projektes „Cigognes sans frontières". Hier wird der Dialog zwischen europäischen und afrikanischen Schulen mit Hilfe des Internets und der persönlichen Begegnung gefördert. Schulkinder in den Überwinterungsländern Mauretanien und Burkina Faso werden in diesem Zusammenhang für Probleme der Jagd und Fragen des Schutzes sensibilisiert.

Störungen in den Brutgebieten

Obwohl der Schwarzstorch durch den nachlassenden Verfolgungsdruck zumindest in den Nahrungshabitaten wieder etwas vertrauter scheint, ist er immer noch als scheu und störungsempfindlich zu bewerten. Dies gilt besonders für die Neststandorte und deren Umfeld. Dies hatte man in der DDR bereits Anfang der 1960er Jahre zum Anlass genommen, um räumlich und zeitlich genau definierte Horstschutzzonen einzurichten. Diese fanden seit dem deutschen Einigungsprozess Eingang in die Naturschutzgesetzgebung der Länder Mecklenburg und Brandenburg. Das System hatte sich über Jahrzehnte bewährt und dient heute für einige westliche Bundesländer als fachliche Vorgabe für Naturschutzleitlinien im Wald.

Die Anwesenheit des Menschen im Wald und dessen vielfältige Aktivitäten (u.a. Forstwirtschaft, Jagdausübung, Geochaching, Joggen, Crosslaufen, Wandern, Naturbeobachter und -fotografen) können, wenn definierte Restriktionsbereiche um das Nest unterschritten werden, zur Aufgabe des Brutplatzes spätestens im Folgejahr führen und somit den Storch nachhaltig vergrämen. Menschliche Störungen werden heute als Hauptfaktor unter den Beeinträchtigungen gesehen. Entscheidend für eine erfolgreiche Brut ist die „Störungsarmut" des Standortes. Dies hat einen wesentlichen Einfluss auf die Besetzungsdauer der Nistplätze und den Bruterfolg, der bei mehrjähriger Nutzung durch erfahrende Altvögel steigt. Nach aktuellen hessischen Untersuchungen liegt der Bruterfolg bei durchschnittlich 2,75 Jungen je Paar (n = 128), auf künstlichen Brutplattformen jedoch bei 3,0 Jungen (n = 90). Während bei nur einmal besetzten Brutplätzen im Durchschnitt 2,6 Juvenile pro Brut flügge wurden, waren es bei vier bis fünf Jahren in Folge besetzten Nestern 3,5 Jungvögel pro Brutpaar. Allerdings war der überwiegende Anteil der dokumentierten Brutplätze nur ein bis drei Jahre besetzt.

Nach Störungen werden im selben Revier sogenannte Wechsel- oder Ausweichnestern im Radius bis zu drei Kilometern angelegt. Die Schwarzstörche scheinen danach jedes Jahr nach Ankunft neu zu entscheiden, welches Nest bezogen wird; allerdings wird häufiger das neue Nest genutzt. Im Sinne einer kontinuierlichen Besiedlung der Brutreviere kommt den Wechselnestern daher dieselbe zentrale Bedeutung zu wie dem vorrangig genutzten Brutnest. Das Land Brandenburg trägt dem insofern Rechnung, dass Nester, die bis zu fünf Jahre nicht besetzt sind, genauso geschützt werden wie besetzte Brutstandorte.

Der Brutbaum mit dem Nest wurde erhalten, alle anderen, Deckung spendenden Bäume hingegen gefällt. Hier wird nie wieder ein Schwarzstorch brüten (Foto: O. Reinhard).

Mit der Einrichtung von Horstschutzzonen sollen forstliche Maßnahmen (u.a. Holzeinschlag, Durchforstung, Rückearbeiten, Holzabfuhr, Aufarbeitung von Windbruch, Gatterbau, Pflanzarbeiten, Wegebau, Kalkungsflüge) räumlich und zeitlich so gesteuert werden, dass sie nicht zur Aufgabe von Brutstandorten führen. Damit trägt man im Prinzip auch dem Bundesnaturschutzgesetz (§ 44 BNatSchG) Rechnung. Die praktische Umsetzung ist oft nicht ganz einfach, da Holzeinschlag- und Aufarbeitung wesentlich vom Witterungsverlauf beeinflusst werden. Nasse und sehr feuchte Winter verzögern die Holzernte und bedingen forstliche Maßnahmen bis in den März/April, also die Zeit, die für den Schwarzstorch als die sensibelste gilt. Oft sind es Brennholzwerber, die zu ganz erheblichen „Störern" in Schwarzstorchrevieren werden. Das Befahren von Waldwegen, Rückgassen im Bestand und die Aufarbeitung von Brennholz mit knatternden Motorsägen im näheren Nestumfeld (< 300 m) führt in aller Regel zur Aufgabe des Brutstandortes. Sicherlich geschieht dies in allermeisten Fällen nicht mutwillig, sondern aus Unkenntnis. Daraus wird wiederum deutlich, dass die Kenntnisse der Schwarzstorchbrutstandorte und der Dialog zwischen Artenschützern und Förstern für den Erhalt der Art immens wichtig sind.

Natürliche Feinde – Prädatoren und Nistplatzkonkurrenten

Der Schwarzstorch hat außer dem Menschen kaum Feinde; zumindest trifft dies für vitale, flugfähige Individuen wohl weitgehend zu. Auch sind eindeutige Belege, die den Schwarzstorch nach dem Flüggewerden als Opfer von Prädatoren ausweisen, äußerst selten. Angesichts der Geschicklichkeit bei Flugmanövern und der beachtlichen Wehrhaftigkeit des Vogels kommen von vornherein nur ganz wenige Arten als Prädatoren in Betracht.

Es ist nur selten über Beispiele erfolgreicher oder versuchter Prädation berichtet worden. Es gibt Hinweise, dass der Habichtsadler im Norden von Israel zwei Störche getötet hat. In Brandenburg hat man Schwarzstorchrupfungen gefunden, die dem Seeadler zuzuordnen waren. Dort gibt es Beobachtungen von adulten Seeadlern, die aus großer Höhe auf Schwarzstörche runter stießen und Attacken flogen. Der Storch parierte durch Ausweichmanöver, würgte dabei aber Nahrungsbrocken aus, die für wiederum für den Seeadler leichte Beute waren. Eine langjährige Fallstudie im Mecklenburg-Vorpommern hat gezeigt, dass mit der Zunahme der Seeadler und Neuansiedelung in tradierten Schwarzstorch-Lebensräumen, der Schwarzstorch ein deutliches Meideverhalten zu diesem großen Greifvogel zeigt. In Mecklenburg-Vorpommern sind 5 nachweisliche Schwarzstorch-Revieraufgaben durch den Seeadler bekannt geworden. In Brandenburg, Sachsen-Anhalt und Sachsen gibt es ähnliche Erkenntnisse. Gelegentlich nutzt der Seeadler auch die großen Nester des Schwarzstorchs, um dort Beutetiere zu kröpfen.

Streitigkeiten am Nest des Schwarzstorchs. Beide Altvögel versuchen, die Rotmilane zu vertreiben. Der Milan in der Nestmitte droht dem Schwarzstorch mit aufgerissenem Schnabel (Foto: R. Hansen).

Ob der Uhu hin und wieder als Prädator in Erscheinung tritt, lässt sich nicht mit Sicherheit sagen. Zumindest tritt er selten als Brutplatzkonkurrent auf. So hat er in Niedersachsen beispielsweise eine Brutplattform, die für den Schwarzstorch gebaut war, okkupiert.

Anders als für flugfähige Vögel stellt sich die Situation für Gelege und Nestlinge dar. Prädation ist für diese Entwicklungsstadien sehr viel häufiger nachgewiesen. In Polen war in einigen Schutzgebieten der vollständige Brutverlust auf das Wirken des Baummarders zurückzuführen. Die Gefahr für die Jungen ist dann besonders groß, wenn sie nicht mehr von den Altvögeln bewacht werden, also ab der 4. Woche.

In den letzten Jahren hat sich offenbar eine deutlich wachsende Prädationsgefahr furch den „Neubürger“ Waschbär ergeben. Offenbar gehen besonders Gelegeverluste auf sein Konto. Auch kommt es vor, dass die Waschbären die Schwarzstorchnester als Ruhe- und Schlafplatz nutzen und dem Schwarzstorch somit sein Nest streitig machen. Im hessischen Knüllgebirge beispielsweise besetzte ein Waschbär ein „Traditionsnest“ auf einer Lärche. Daraufhin bauten die Schwarzstörche ein Wechselnest nur ein Kilometer entfernt auf einer Buche. Das auf schwachen Seitenästen mühsam fixierte Nest stürzte während der Brutzeit mit 5 Jungvögeln ab. Besonders Eichenbrutstandorte sind gefährdet, da diese im Gegensatz zu den langschäftigen und „glatten“ Buchenstämmen, leicht zu erklettern sind. Das Anbringen von Blechmanschetten an die Brutbäume in gefährdeten Gebieten soll hier Abhilfe schaffen.

Der Waschbär nutzt Nester von großen Greifvögeln, Graureihern sowie Schwarzstörchen gerne als Schlafplatz. Das kann zur Aufgabe des Brutstandortes führen (Foto: R. Pohl).

Besonders Neststandorte des Schwarzstorches auf Eichen sind durch den Waschbär gefährdet. Die Baummanschette soll das Hochklettern verhindern (Foto: H. Brusius).

Eine entscheidende Bestandsbeeinflussung durch Prädation ohne die Implikation des Störfaktors Mensch ist kaum anzunehmen, und zwar weder aufgrund von Reproduktionsverlusten noch von Verlusten flugfähiger Vögel.

Beeinträchtigung und Veränderung des Lebensraumes

Die Veränderungen des Brut- und Nahrungshabitats einschließlich der Überwinterungsgebiete durch eine Intensivierung der wirtschaftlichen Nutzung der Landschaft durch den Menschen stellt einen weiteren wesentlichen Gefährdungskomplex dar. Vor allem die Forstwirtschaft, die mit einer einschneidenden Änderung der Bodennutzung einhergeht, führt vielerorts zu einer Vernichtung bzw. Veränderung von Bruthabitaten. Voraussetzung dafür war vielerorts eine umfassende Entwässerung der Landschaft und das Schaffen eines gut ausgebauten forstlichen Wegenetzes. Ein Beispiel dafür liefert insbesondere Lettland. In Folge der politischen Wende kam es dort im großen Umfang zum Verkauf von Staatswald. Der Zwang zu einer ertragsorientierten Bewirtschaftung nahm mit der Privatisierung stark zu. Dies führte zu großflächigen Entwässerungsmaßnahmen und zu einem massiven Einschlag der seither sehr naturnahen alten Eichen- und Buchenwälder. In Folge dessen hat sich die Habitateignung für den Schwarzstorch vielerorts wesentlich verschlechtert. Sicherlich ist dies der Grund, dass heute in Lettland lediglich noch ca. 700 Paare brüten. Vor der politischen Wende waren es 1300 Paare.

Zum Bau der oft mehrere Zentner schweren Nester benötigt der Waldstorch großkronige, alte Bäume. In weiten Bereichen seines Verbreitungsgebietes stellt deshalb die intensive Nutzung von Altbeständen, den bevorzugten Bruthabitaten des Schwarzstorchs, ein Problem dar. Während in vielen Forsten mittlerweile Bemühungen um eine naturnahe Waldbewirtschaftung zu einer behutsameren Nutzung der sensiblen Altholzbereiche geführt haben, scheint sich die Situation in Osteuropa hingegen weiter zu verschärfen.

Wesentliche Faktoren des Schwarzstorchschutzes

Für eine „schwarzstorchgerechte" Forstwirtschaft sind folgende Punkte von Bedeutung:

- Erhalt von Altbeständen (Habitatbäume) und einem Biotopverbund
- Übermäßige Auslichtung vermeiden, damit der Bestandscharakter gewahrt bleibt
- Femelartige Auflockerungen des Kronenschlusses im Wechsel mit dichteren Bereichen sind dagegen günstig zu beurteilen
- Eine gleichmäßig starke Auflichtung (Großschirmschlag) führt zum Verlust der Brutplatzeignung
- Die Öffnung von Sichtbeziehungen zu nahen Wegen vor allem in der kritischen Zeit März bis April (unbelaubte Bäume) führen oft zur Aufgabe des Standortes
- Wichtige Requistenbäume (Ruhebäume – oft stehendes Totholz, starkastige Bäume an Schneisen) erhalten
- Störungen während der Balz-, Brut- und Aufzuchtzeit durch Betriebsarbeiten oder Jagdausübung vermeiden (1. März bis 15. September)
- Wegen der engen Bindung an das Brutrevier unbedingter Erhalt von verlassenen Nestern (mindestens fünf Jahre), da diese immer wieder genutzt werden können
- Systematische Entwicklung zu einem mit standortgerechten Bäumen (Erlen) gesäumten Bachufer (Entfichtung) und damit Schaffen von Beschattungen und Deckung für Fische (Forellen) und den Schwarzstorch
- Verbesserung des ökologischen Zustands der Bäche generell als wichtigsten Nahrungsgebieten des Schwarzstorchs
- Erhaltung und ggf. Schaffung von Feuchtbereichen in den Brutwäldern (Quellbereiche, Sickerstellen, Rinnsale, Schließen von Entwässerungsgräben)
- Erhalt und Nutzung von Grünlandzügen in Wäldern; keine Aufforstung, da wichtige Nahrungshabitate
- Erhalt des gesamten Nahrungshabitatverbundes im Umfeld des Nestes

Horstschutzzonen – alt bewährt und neu aufgegriffen

Wie oben bereits erwähnt, kommt der Einrichtung von Horstschutzzonen, wie sie in einigen Ländern Osteuropas und auch Ostdeutschlands bereits seit einigen Jahrzehnten Bestandteil der Naturschutzgesetzgebung sind, besondere Bedeutung zu. Der Schutz von Großvögeln kann hiermit bei Vollzug wirkungsvoll umgesetzt werden. Diese etablierten Systeme unterscheiden eine innere und eine äußere Horstschutzzone. In Ergänzung zu der zeitlich befristeten 300-m-Zone zum Schutz vor Beunruhigungen zur Revierbesetzungs-, Brut- und Aufzuchtzeit sehen die Regelungen eine 100- bzw. 150-m-Schutzzone vor, in der ganzjährig auf jegliche strukturverändernde Maßnahme zu verzichten ist. Dabei darf das Nestumfeld nicht durch Holzeinschlag verändert werden. Ebenso muss der Bau von Wegen und Entwässerungsgräben vollständig unterbleiben und die jagdliche Nutzung gesteuert werden. Letzteres trifft beispielsweise die Nutzung von Jagdkanzeln im sensiblen Nestumfeld sowie die Anlage von Kirrungen.

Wird innerhalb des Brutreviers des Schwarzstorchs der Nestbaum gewechselt oder bleibt ein Brutrevier unbesetzt, erlischt der Horstschutz nicht automatisch. Dies gilt für einen Zeitraum von mindestens 5 Jahren. Sollte es innerhalb dieses Zeitraumes Veränderungsabsichten in den Horstschutzzonen geben, ist darüber nach einer Einzelfallprüfung durch die zuständige Naturschutzbehörde zu entscheiden.

In deutschen Bundesländern ohne gesetzlich verankerte Horstschutzzonen haben Fachkonventionen bzw. „Leitlinien" zum Naturschutz im Wald eine ähnlich bindende Verpflichtung. Allerdings werden die Restriktionen unterschiedlich definiert. Letztendlich helfen aber diese Vorgaben, in der Praxis Verstößen gegen Bestimmungen zum Schutz dieser besonders und streng geschützten Art bzw. ihrer Nist-, Brut-, Wohn- oder Zufluchtsstätten vorzubeugen.

Sicheres Brüten auf Nestplattformen

In Mitteleuropa bevorzugt der Schwarzstorch alte Bäume, die eine breite, lichte, starkastige Krone haben. Die Nester werden, wenn möglich, in der Nähe des Stammes im unteren Kronenbereich angelegt. Gelegentlich nutzt unser Waldstorch auch aufgegebene Nester von Greifvögeln (z. B. Habicht) und baut diese auf. Zum Nestbau besonders gut geeignet sind Protzen oder Prutzen (Bäume mit quirlig verzweigter Krone). Die großen, daumendicken und bis zu 1,80 m langen Zweige für die Nestunterlage können dort gut fixiert werden und geben Halt. Die größten Maße ergeben sich bei Nutzungsdauern von über 10 Jahren. Es kann dann vorkommen, dass die Nester schwerer als zehn Zentner werden. Demzufolge ist es nicht verwunderlich, dass Nestabstürze infolge von Stürmen oder Schneebruch, besonders bei der Nestanlage im Seitenastbereich, zu den häufigsten Ursachen für die Aufgabe der Brutplätze zu zählen sind. Besonders betroffen davon sind Nestanlagen auf Buchen.

In solchen Fällen haben engagierte Schwarzstorchschützer als Ersatz für herabgestürzte Nester Brutplattformen gebaut. Die Idee dafür stammt aus Niedersachsen, wo man bereits 1964, beginnend in der Lüneburger Heide, ein Schwarzstorchschutzprogramm auflegte. Ziel war es damals, den Schwarzstorch mit praktischen Maßnahmen zu fördern. Da einzelne Nester auch während der Brutzeit abstürzten und die Nachkommenschaft dieser Paare für dieses Jahr verloren ging, wurden die vom Schwarzstorch errichteten Nester verstärkt (unterbaut) und Brutplattformen in der Nähe errichtet. Einzelne Paare begannen sich sehr bald für die „Sozialbauten" zu interessieren und erste Erfolge stellten sich ein.

Heruntergestürztes Nest nach einem Sommersturm. Die Brut ging verloren (Foto: C. Gelpke)

Wo Schwarzstorchnester wegen ihrer suboptimalen „Baumarchitektur" abstürzen, bietet sich der Bau von sicheren Brutplattformen als erfolgreiche Artenhilfsmaßnahme an: Hier hat der „Horstbauspezialist" die Unterlage gerade fertiggestellt (Foto: R. Lösekrug).

Nestplattformen werden, vorausgesetzt die Maßnahme wurde fachmännisch umgesetzt, gerne vom Schwarzstorch angenommen. Sie bieten optimale Brutplätze (Foto: A. Müller).

Mit prüfendem Blick schaut Alfred Nottorf, der „Altmeister" des Plattformbaus, ob die Baumaßnahme fachgerecht umgesetzt wird (Foto: H.-O. Thorn).

1972 vernichtete ein Orkan einen großen Teil der Altholzbestände in Niedersachsen. Die Erfahrungen aus dem Projekt, insbesondere auch der Bau von Brutplattformen, halfen, den kleinen Bestand zu sichern und zu entwickeln. Maßgeblich an dem Projekt beteiligt war der Schwarzstorch-Experte Alfred Nottorf aus Stemmen in Niedersachsen, der auch heute noch aktiv mit seinem Kletterteam in Deutschland Brutplattformen baut. Die Bauaktivitäten beschränken sich auf die Winterzeit und in der Regel nur auf Standorte, wo ein Nestabsturz bekannt wurde. Dabei wird möglichst derselbe Baum, am besten genau die Stelle, an der das Nest vorher fixiert war, zur Anlage der Brutplattform genutzt. Die Erfolgsquote ist außerordentlich ermutigend. In Hessen beispielsweise brütet fast die Hälfte der Paare auf Brutplattformen.

Solche Maßnahmen wären allerdings nicht nötig, wenn in den Wäldern natürliche Verhältnisse herrschten und genügend Altbaumbestände vorhanden wären. Dennoch haben das Engagement und die Erfahrung des Niedersächsischen Schwarzstorchexperten Alfred Nottorf mit seinem Team dazu beigetragen, dass viele Schwarzstorchpaare einen sicheren Brutplatz haben. Diese Aktion wird von den Revierförstern gerne unterstützt. Letztendlich trägt sie zur Planungssicherheit bei, da Paare auf Brutplattformen in der Regel gut betreut werden und somit oft über viele Jahre an diesem Standort brüten. In den letzten Jahren hat man in potenziell für den Schwarzstorch geeigneten Waldgebieten auch sogenannte „Initiativplattformen" gebaut. Hier blieb der Erfolg oft aus, oder es dauerte Jahre bis sie von den Störchen genutzt wurden.

Gefährdungen durch Energiefreileitungen

Die Masten von Mittelspannungsleitungen werden sowohl im Brutgebiet als auch während der Rast in die Überwinterungsgebiete vom Schwarzstorch und vielen anderen Vogelarten gerne als exponierte Aussichts- und Ruheplätze genutzt. Daraus resultieren Gefahren für die Vögel. Beim Anfliegen auf den Mastkopf können die Störche einen Kurz- oder einen Erdschluss (Stromschluss) verursachen und dabei zu Tode kommen. Ein weiteres Problem kann die Kollision mit der Leitung sein, wenn sie als Lufthindernis zu spät oder gar nicht erkannt wird.

Ein Stromschlag oder Stromschluss entsteht durch die Überbrückung von Spannungspotenzialen, entweder als Erdschluss zwischen spannungsführenden Leitern und geerdeten Bauteilen (auch über Kriechstrom) oder Kurzschluss zwischen Leiterseilen verschiedener Spannung. Die Gefahr besteht fast ausschließlich an Mittelspannungsfreileitungen (1 bis 60 kV) durch die Kombination von tödlicher Spannung und relativ kleinen Isolationsstrecken, die vom Schwarzstorch und anderen Großvögeln leicht überbrückt werden können.

Kollisionen mit Leitungen ereignen sich in den Nahrungshabitaten der Schwarzstörche, den oft engen, von mäandrierenden Bächen durchzogenen Kerbtälern der Mittelgebirge, wenn diese gleichzeitig für die Energieversorger als Trassen für Nieder- und Mittelspannungsleitungen dienen. Die Stromleitungen verlaufen parallel zu den Fließgewässern oder in sehr engen Talabschnitten direkt über den Bächen. Verluste insbesondere bei unerfahrenen Jungvögeln sind bei diesen besonderen Gegebenheiten belegt. Nachweislich sind Störungen an den Gewässern vorausgegangen, die zu Fluchtreaktionen führten und in dessen Folge die Vögel von unten in die Leitungen hineinflogen. Die Anflüge an die starren Leiterseile enden meist tödlich.

Anflugverluste und Stromschluss können beim Schwarzstorch regional zu einem bestandslimitierenden Faktor werden. So wurden beispielsweise im Ahrtal und seinen Seitentälern (Rheinland-Pfalz) seit Mitte der 1980er Jahre bis etwa zur Jahrtausendwende ca. 30 überwiegend junge Schwarzstörche als Anflug- oder Stromopfer schwer verletzt oder tot aufgefunden. Im September 1994 verunglückten allein im Landkreis Ahrweiler vier Jungstörche durch Anflug an Mittelspannungsleitungen. Im selben Monat wurde ein Jungvogel durch Stromschluss in der Nähe des Neststandortes getötet. Daraufhin wurden vom zuständigen Netz-

Schutzmaßnahmen für den Schwarzstorch. Die gefährlichen Masttypen im Ahrgebirge wurden von der RWE Transport Strom GmbH mit isolierten „Trittbrettern" als sichere Ruhe- und Aussichtsplätze umgerüstet. Die Maßnahme erfolgte bereits viele Jahre vor der Umsetzungsfrist, die durch den § 41 BNatSchG verbindlich wurde. Ebenfalls erfolgte umfangreiche Isolierungsmaßnahmen im Bereich der Leiterseile am Mastkopf (Foto: K. Richarz).

betreiber, der damaligen RWE Transportnetz Strom GmbH, in Absprache mit der Forst- und Naturschutzverwaltung umfangreiche Mastsicherungsmaßnahmen umgesetzt. Die gefährlichen Mastköpfe mit Stützisolatoren wurden mit sogenannten Trittbrettern (Sitzstangen) versehen und umfassend isoliert. Vorausgegangen waren Kartierungen und Bewertungen der gefährlichen Trassenabschnitte. Heute kann der Schwarzstorch die umgerüsteten und gesicherten Masten als sichere Ruhe- und Aussichtsorte gefahrlos nutzen. Damit ist eine wesentliche Erhaltungsmaßnahme zum Schutz des Schwarzstorchs in einem der bedeutendsten Schutzgebiete (EU-VSG) für die Art in Rheinland-Pfalz geleistet.

Stromtodverluste waren bis dahin in vielen Brutgebieten zu beklagen. Genaue Angaben über die Verlusthäufigkeit lassen sich jedoch nicht machen, da in der Regel keine systematische Suche in den Gefahrengebieten durchgeführt wird. Außerdem werden die Kadaver von verunglückten Vögeln meist sehr schnell von Aasfressern wie Fuchs oder Wildschwein gefressen oder verschleppt.

Sehr gut dokumentiert sind hingegen die Verlustraten von Weißstörchen an Freileitungen. Untersuchungen zu Beginn der 1980er Jahre ergaben, dass 70 % aller gefundenen Todesopfer unter den Weißstörchen durch Freileitungen ums Leben kamen, davon wiederum 84 % durch Stromschlag und 16 % durch Leitungsanflug. Insbesondere auch auf den Zugwegen in die Winterquartiere sind viele Störche in Westeuropa an ungesicherten Masten ums Leben gekommen. In Deutschland hat der Gesetzgeber diesen hohen Verlustraten bei Großvögeln Rechnung getragen, indem er im Jahr 2002 mit einer Novelle des Bundesnaturschutzgesetzes (damals § 53 BNatSchGNeureG, heute § 41 BNatSchG) den „Vogelschutz an Energiefreileitungen" aufgenommen hat. Demnach mussten alle vor 2002 aufgestellten, gefährlichen Masten bis zum 31.12.2012 flächendeckend entschärft werden. Alle seit 2002 neu aufgestellten Mittelspannungsmasten müssen konstruktiv so ausgeführt werden, dass Vögel nicht gefährdet werden. Die technischen Lösungen sind in einer VDE-Anwendungsregel formuliert, die seit August 2011 für alle Netzbetreiber verbindlich ist. Die Sicherung

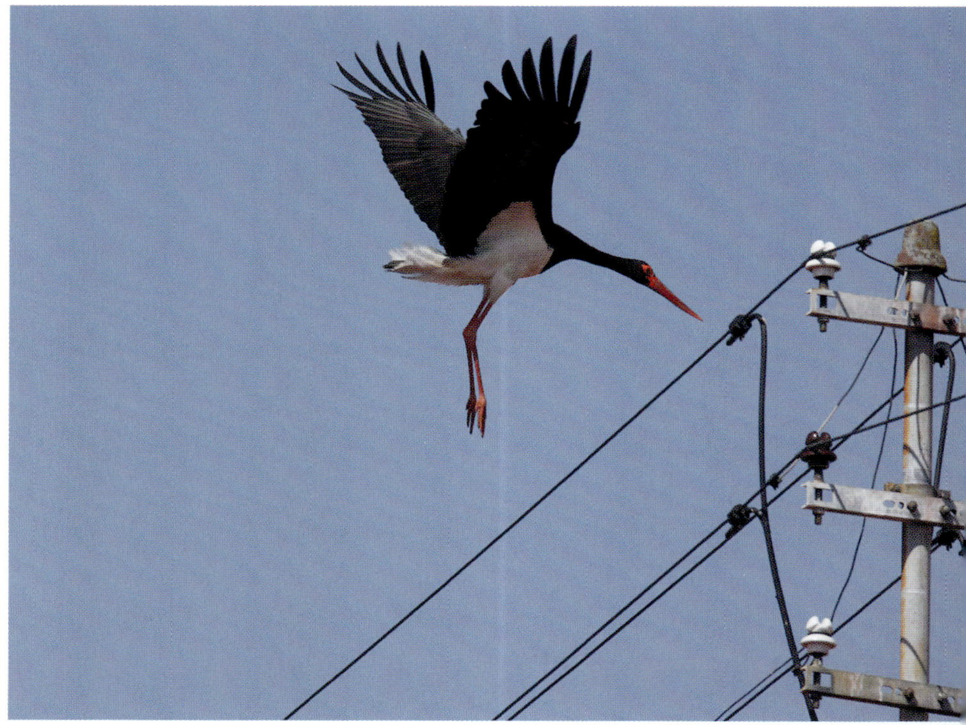

Eine sehr gefährliche Situation. Der Schwarzstorch ist im Landeanflug auf einen Leitungsmast (Foto: U. Rösch).

der Strommasten nach dem Stand der Technik hat und wird in Zukunft sicherlich vielen Schwarzstörchen und anderen Großvögeln bei uns das Leben retten. Gleichzeitig ist dies ein gelungenes Beispiel, dass Industrie und Naturschutz zielorientiert zusammenarbeiten.

Jedoch dürfen sich diese Schutzmaßnahmen nicht nur auf die Brutgebiete beschränken, sondern müssen auch die Durchzugs- und Überwinterungsgebiete berücksichtigen. EU-verbindliche Richtlinien zum Schutz von Großvögeln wie dem Schwarzstorch vor dem Stromtod sind und bleiben eine gemeinschaftliche Aufgabe.

Dieser Ruheplatz auf der Traverse einer Mittelspannungsleitung ist relativ ungefährlich, da die Isolatoren nach unten abgehängt sind und somit kein direkter Strom- oder Kurzschluss beim Berühren der Leiterseile entstehen kann (Foto: G. Koska).

Konfliktfeld Windenergienutzung im Wald und Schwarzstorchschutz

Nach der Reaktorkatastrophe von Fukushima im Jahr 2011 und der aufgrund dessen beschlossenen Energiewende in Deutschland, kommt dem Ausbau regenerativer Energieformen, insbesondere auch der Windkraft, eine sehr hohe Bedeutung zu. Seither lag der räumliche Schwerpunkt beim Bau der Onshore-Windkraftanlagen im Offenland. Mit der Öffnung des Waldes als potenzieller Standort für die Windenergienutzung werden die Potenziale einerseits beträchtlich erweitert, andererseits sind aber zu den bereits bestehenden Konfliktfeldern zwischen Windenergienutzung und Natur-/Artenschutz weitere, waldspezifische Zielkonflikte zu erwarten. Die Planungen zum Ausbau der Windenergienutzung fokussieren sich oft auf windhöffige Standorte der Mittelgebirgsregion und sind dann nicht selten deckungsgleich mit den Brutstandorten des Schwarzstorches. Planungskonflikte sind in solchen Fällen vorprogrammiert. Dabei kann es in der Planungspraxis nicht um ein „entweder/oder" gehen, sondern es muss vielmehr darauf geachtet werden, dass die Planungen naturschutz- bzw. artenschutzverträglich sind und die diesbezüglichen Gesetzesgrundlagen eingehalten werden. Es ist sicherzustellen, dass neben dem Erreichen der Klimaschutz-Ziele auch die gleichrangig notwendige wie bedeutsame nationale Strategie zur biologischen Vielfalt ohne Abstriche und in der erforderlichen Dringlichkeit umgesetzt werden kann.

Die Betroffenheit der einzelnen Arten und auch des Schwarzstorchs beruht z. T. auf verschiedenartigen Wirkungen. Neben dem Risiko, mit den Rotoren von Windenergieanlagen (WEA) zu kollidieren bzw. in Rotornähe einem Barotrauma (dies ist besonders bei Fledermäusen nachgewiesen) zu erliegen, sind Störwirkungen durch die Bewegung der Rotoren und Geräuschemissionen der WEA zu verzeichnen. Dies kann z. B. die Beeinträchtigung der Lebensräume, die Aufgabe von Brutplätzen oder auch dauerhaft reduzierte Bruterfolge zur Folge haben. Viele Arten zeigen gegenüber WEA ein deutliches Meideverhalten, zudem können WEA Barrierewirkungen zwischen wichtigen Teillebensräumen von Arten entfalten. Mit der Erschließung vormals unzerschnittener, störungsarmer Waldgebiete durch infrastrukturelle Maßnahmen, wie Wege- und Stromleitungsbau, kann sich das Lebensraumpotenzial für den Schwarzstorch so stark verändern, dass diese Waldgebiete als Bruthabitat verloren gehen.

Beim Schwarzstorch sind bisher 5 Kollisionsopfer (eines in Deutschland) in der zentralen Verlustdatei über Vögel und Fledermäuse in der Vogelschutzwarte Brandenburg dokumentiert. Die Zahl „5" ist wenig aussagekräftig, so dokumentiert sie doch „nur" die fünf „zufällig" unter Windkraftanlagen tot aufgefundenen Schlagopfer und ist somit als Minimalwert zu betrachten. Untersuchungen im Bereich von Energiefreileitungen haben gezeigt, dass Kadaver am Unglücksort eine nur sehr kurze Verweildauer haben. Oft sind durch Aasfresser, wie Wildschweine oder Füchse, die Unfallopfer schon nach einer Nacht beseitigt. Nach Untersuchungen in Spanien und Deutschland hat man allerdings festgestellt, dass es sehr wohl einen hohen Anteil kritischer Flugsituationen an Windkraftanlagen gibt. Der störungsempfindliche und heimlich lebende Schwarzstorch kann durch Windkraftanlagen im Brutgeschäft erheblich gestört werden. Der Bruterfolg kann sinken und Brutplätze können aufgegeben werden, dies haben zumindest Untersuchungen in Brandenburg ergeben.

Windkraftanlagen auf Waldstandorten. Nicht selten herrschen in der Mittelgebirgsregion schlechte Sichtverhältnisse. In solchen Fällen sind Kollisionen mit den Rotorblättern nicht auszuschließen (Foto: W. Schindler).

Die bisher geringe Zahl an Schlagopfern liegt zum einen an der bereits erwähnten schwierigen Auffindbarkeit der Kadaver, zum anderen aber auch an der Seltenheit des Schwarzstorchs im mitteleuropäischen Verbreitungsgebiet. Die bisher geringe Kollisionsopferzahl in Deutschland ist sicherlich auch als Erfolg der für Brutplätze geltenden Abstandskriterien und der bisher weitgehenden Freihaltung der Wälder von Windkraftanlagen zu interpretieren.

Der Schwarzstorch bewältigt zwischen den Brut- und Nahrungshabitaten über Wald und Offenland, in Abhängigkeit der Nahrungsverfügbarkeit, Flugstrecken von 10 bis 20 Kilometern. In Abhängigkeit des Nahrungsbedarfs, der mit der Fortentwicklung der Jungvögel zunimmt, steigt auch die Anzahl der Flugbewegungen vom Nest in die mehr oder weniger entfernt liegenden Nahrungslebensräume. Der sich daraus ableitende Raumbedarf ist beachtlich und kann je nach Standortnutzung von Windkraftanlagen zu erheblichen Konflikten führen, besonders dann, wenn die Anlagen im Bereich der regelmäßig vom Schwarzstorch frequentierten Flugkorridore gebaut würden.

Ein Großteil der Flugbewegungen in die 5–7 Kilometer entfernt liegenden Nahrungshabitate sind Direktflüge, wobei die Flughöhen von den Witterungsverhältnissen abhängig sind. In der Regel nutzt der Schwarzstorch den kürzesten Weg ins Nahrungshabitat. Dieses Verhalten macht es möglich und notwendig, bevorzugt genutzte Flugrouten in einem Prüfbereich abzugrenzen und diese in jedem Fall frei von Windkraftanlagen zu halten.

Funktionsraumanalysen zu Aussagen der Raumnutzung und zum Flugverhalten von Alt- und Jungvögeln haben wichtige Erkenntnisse für eine nachvollziehbare Ermittlung von Tabu- und Restriktionszonen gemäß der Fachkonvention „Abstandsempfehlungen für Windenergieanlagen zu bedeutsamen Vogellebensräumen sowie Brutplätzen ausgewählter Vogelarten" erbracht. Die Staatlichen Vogelschutzwarten in Deutschland verfügen über einen umfangreichen Kenntnisstand zum Thema Windenergienutzung und Vogelschutz. Dies beinhaltet auch die spezifischen Fragestellungen zur Windenergienutzung und zum Schutz des Schwarzstorches. Diese Ergebnisse und die langjährigen Beobachtungen von den bundesweit aktiven Nestbetreuern legen für den Schwarzstorch einen Mindestabstand von 3.000 Metern zum Nest sowie einen Prüfbereich von 7.000 Metern ab dem Rand des Brutwaldes nahe.

Bei der Planung von Windkraftanlagen kommen folgende naturschutzrechtliche Regelungen zur Anwendung:

- Die Schutzvorschriften für NATURA 2000-Gebiete.
- Die Zugriffsverbote des Artenschutzes (§ 44 Abs. 1 und Abs. 5 BNatSchG).
- Schutzgebietsverordnungen.
- Der gesetzliche Biotopschutz (§ 30 BNatSchG).
- Die Eingriffsregelung (§§ 14 ff. BNatSchG).

Die einzelnen Regelungen entfalten dabei unterschiedliche Wirkung. Schließlich stellen sich angesichts der Ergebnisse weitere rechtliche Fragen, insbesondere zur Berücksichtigung kumulativer Schäden. Solche entstehen u.a. dadurch, dass der Schwarzstorch als Zugvogel auf seiner Wanderung durch Windkraftanlagen gefährdet ist, beispielsweise im Bereich der Zugenge von Gibraltar, wo mittlerweile hunderte von Anlagen gebaut wurden. Es gilt lebensfähige Populationen wild lebender Tiere zu erhalten. Ob und inwieweit der Ausbau der Windenergie im Wald die kleine und verletzliche Schwarzstorchpopulation beeinträchtigt, wird sich in Zukunft zeigen. Zum Glück ist durch den Dialog und das Zusammenwirken der Energiewirtschaft und des Naturschutzes eine andere Todesursache in den letzten zehn Jahren deutlich zurückgegangen, nämlich der Stromschlag an Mittelspannungsleitungen.

Auf jeden Fall besteht für die offenen Fragen Forschungsbedarf. Insbesondere auch kumulative Effekte bedürfen einer besseren Einschätzbarkeit. Langfristige Auswirkungen auf Populationen sind zu kalkulieren. In diesem Zusammenhang sind methodisch sauber abgestimmte Monitoringprogramme, die eine valide Datenbasis erbringen, unerlässlich.

Einblicke in das Leben eines Schwarzstorchpaares

Dieser Bericht beruht auf den Beobachtungen eines Schwarzstorchpaares, dessen Leben ich über sieben Jahre lang von der Ankunft im zeitigen Frühjahr, über die Aufzucht der Jungen bis zum Abflug in die Winterquartiere dokumentiert habe. Dabei konnten neue Einblicke in das Verhalten dieser faszinierenden Waldbewohner gewonnen werden.

In allen Beobachtungsjahren hat das Paar immer erfolgreich gebrütet und überdurchschnittlich viele Junge groß gezogen. Neben der Routine des Familienlebens gab es auch immer wieder mal besondere Ereignisse, die beobachtet und dokumentiert werden konnten, z. B. wie sich ein verletzter Jungstorch behaupten musste.

Viele Beobachtungen spiegeln das arttypische Verhalten wider, aber es gibt auch Abweichungen von den Beschreibungen in der Fachliteratur. Einige dieser Abweichungen wiederholten sich Jahr für Jahr, so zum Beispiel, dass bei Ankunft aus dem Winterquartier von diesem Paar nicht wie üblich eine Renovierung des Nestes durchgeführt wurde. Das zeigt, dass Vögel neben dem artspezifischen Verhalten auch individuelle Verhaltensweisen entwickeln und über Jahre beibehalten.

Fast alle Bilder in diesem Buch stammen aus diesem Brutrevier im Hintertaunus. Ergänzend wird am Ende an Hand von Beobachtungen in Israel dargestellt, dass das Leben der Schwarzstörche außerhalb der „Familienzeit" überraschend anders aussieht.

Das Brutrevier

Das engere Brutrevier unserer Schwarzstörche ist ein kleines Waldgebiet mit natürlich vorgegebenen Grenzen. Der Wald, ein lichter Buchenwald, ist durchsetzt mit einigen feuchten freien Stellen. Ein alter, kaum genutzter Weg und diese Lichtungen bilden Korridore, die von den Störchen zum Anflug auf das Nest genutzt werden. Zwischen den Buchen stehen vereinzelt markante Eichen, die zum Teil bereits vollständig abgestorben sind. An einigen lichten Stellen des Waldes bilden Buchenschösslinge Dickichte, die Sichtschutz bieten und es Mensch und Tier ermöglichen, sich ungesehen durch den Wald zu bewegen.

Begrenzt wird dieses engere Brutrevier durch einen Waldrand sowie einen kaum genutzten, unbefestigten Waldweg, der den lichten Buchenwald von einem etwas dichteren Bestand trennt, weiterhin durch einen Wechsel vom lichten alten Buchenwald zu einem jungen, dichten, halbhohen Baumbestand und einem viel genutzten, befestigten Waldweg. Dieser führt in einem Abstand von nur ca. 150 m am Nest vorbei und ist ein Hauptzugang in ein großes Waldgebiet. Er dient Fahrzeugen der Forstwirtschaft wie PKWs, Holztransportern und den Fahrzeugen von Jagdpächtern und -aufsehern als Weg. Außerdem wird er von Hundebesitzern, Fahrradfahrern, Reitern, Joggern und Wanderern genutzt.

Da der Weg gleichzeitig die Grenze zwischen zwei Regierungspräsidien, zwei Landkreisen und zwei Forstämtern darstellt, sind eventuell notwendige Abstimmungen von Maßnahmen schwierig.

Im März und April bildet dieser Weg die kritische Grenze des Brutreviers der Schwarzstörche. Dann kann ein geschultes Auge von einigen Stellen des Weges das Nest sehen. Dies ist auch die Zeit, in der die Störche am störungsempfindlichsten sind.

Doch ab Mai ist der Trubel auf dem Weg weitgehend unkritisch. Das Laub an den Bäumen erlaubt nur einen sehr begrenzten Blick in den Wald. Und auch aus dem Wald ist der Blick auf den Weg durch die belaubten Baumkronen und Buchenschösslinge versperrt.

Stimmung im Winterwald

Von Dezember bis Mitte Februar ist der Wald ruhig. Kaum ein Geräusch ist zu hören. Ab und zu krächzt eine Krähe vom nahen Feld. Im Februar beginnt dann das markante Klopfen der Spechte.

Der Winterwald erscheint vor allem an Sonnentagen hell, transparent und freundlich. Die Buchen haben das Laub vollständig verloren; nur die Schösslinge tragen zum Teil noch die trockenen Blätter. Dieses Hellbraun des Buchenlaubes und das Grau und Braun der Buchen- und Eichenstämme sind die bestimmenden Farben des Winterwaldes.

Der Nestbaum der Schwarzstörche steht inmitten von Buchenschösslingen

In dieser Zeit fallen die einzelnen knorrigen Totbäume, abgestorbene oder fast abgestorbene alte Eichen, zwischen den geraden und sich erst weit oben verzweigenden Buchen besonders auf.

Ein Baum aber sticht ins Auge: eine Eiche mit gewundenen, verdrehten Ästen. Diese bilden eine große Astgabel in rund 12 m Höhe, in der ein riesiges Nest lagert. Das Nest ist ausladend. Es ist ohne erkennbare Ordnung aus recht großen Zeigen übereinander und ineinander geschichtet. Die miteinander verhakten Zweige geben dem Nest Stabilität. Es ist im Lauf der Jahre immer wieder vergrößert, vor allem erhöht worden. An manchen Stellen sieht man etwas Moos. Kleine Zweige zur Verdichtung und Verfeinerung fehlen vollständig. Über dem Nest ist viel Platz, bevor sich die Äste zögernd zu einer Krone schließen.

Der Nestbaum fällt auch dadurch auf, weil er einen bemoosten Stamm hat und sich das Grün des Mooses deutlich von der grauen Farbe der Buchenstämme abhebt. Er steht inmitten von Buchenschösslingen.

Der Ruhebaum muss einen breiten festen Ast als Landeplatz bieten

Nur wenige Meter neben dem Nestbaum ist eine kleine lichte Fläche. Hier ist der Bewuchs vollständig anders. Es gibt Gräser, Binsen, kleine Wasserstellen und auf dem Boden liegendes Altholz.

Am Rand dieser Fläche, nur etwa 80 m vom Nestbaum entfernt steht eine fast gleich hohe Eiche mit einem großen, waagerecht abstehenden, abgestorbenen Ast. Es ist der Ruhebaum der Schwarzstörche, auf dem sich die Altvögel vor oder nach dem Brüten ausruhen. Von hier aus können sie das Nest bewachen. Er ist außerdem das erste Ausflugsziel der flüggen Jungstörche. Der feste breite Ast bietet eine perfekte Landebahn.

Ankunft, Balz und Paarung

Anfang März wird der Wald sicht- und hörbar von seinen Bewohnern wieder in Besitz genommen. Ringeltauben, Spechte, Kolkraben, Meisen, Buchfinken sind zu hören; noch nicht als lautes Vogelkonzert, aber die Zeit der Stille ist vorbei.

Ab der ersten Märzwoche bin ich fast täglich zum Schwarzstorchwald gegangen. Jedes Jahr kam erneut die bange Frage auf: Kommt er wieder? Denn unterwegs auf dem Weg in den Süden, im Winterquartier nördlich des Äquators in Afrika und auf dem Rückweg lauern viele Gefahren. Da es öfter schon Ende Februar erste Schwarzstorchbeobachtungen in der Region gab, verstärkte sich die Unruhe von Tag zu Tag.

Anfang März erreichen die Schwarzstörche ihr Brutrevier

Um nicht die Aufmerksamkeit von Spaziergängern zu wecken, bin ich auf dem schmalen, kaum genutzten Waldweg in den Wald gegangen, der die südliche Grenze des Brutreviers bildet. Hier kann man von einigen Stellen aus mit dem Fernglas das Nest sehen.

Eines Vormittags, zu Beginn der zweiten Märzwoche, war „er“ da. Fast verborgen hinter den dicken Ästen der Eiche stand er auf dem Nest. Reglos den Schnabel in das Brustgefieder gedrückt. Ohne erkennbare Aktivität. So war es auch am nächsten Tag. Stundenlang stand er stoisch da, fast etwas verloren. Nur selten wechselte er kaum merklich die Position.

Am dritten Tag war er verschwunden und blieb auch am vierten Tag unsichtbar, obgleich ich inzwischen mehrfach am Tag aus der Ferne das Nest kontrollierte. Dann Entwarnung! Er stand wieder auf dem Nest, reglos wie immer.

Diese Unregelmäßigkeiten in den ersten Tagen nach der Ankunft wiederholten sich Jahr für Jahr.

Er wurde an diesen Tagen an unterschiedlichen, z. T. weniger als 8 km voneinander entfernten Stellen gesehen; immer in einem Tal oder in Bachnähe. Ich nehme an, dass er in dieser Zeit ausgiebig die Nahrungshabitate inspiziert hat, um sich selbst zu versorgen und sich auf kommende Aufgaben vorzubereiten.

Nach einer Woche war dann auch sie da, Frau Schwarzstorch. Keine auffälligen Flugbewegungen im Wald, keine Rufe, kein Balzgehabe. Stoisch wie vorher er allein, standen sie jetzt zu zweit auf dem Nest. Unbeteiligt, aber zusammen.

Bei der Balz „flaggen“ beide Störche

Die nächsten Tage verliefen ruhig. Mal waren beide auf dem Nest, mal nur ein Storch. Dann war das Nest wieder über Stunden verwaist. Durch die weißen Kotspuren, mit denen die Altstörche sofort nach Rückkehr ihr Nest markieren, wurde aber deutlich, dass das Nest besetzt ist. Abends kehrten beide auf das Nest zurück und übernachteten dort.

Nur durch kontinuierliche Beobachtungen konnten Veränderungen im Verhalten festgestellt werden. Etwa eine Woche nach der Ankunft des Weibchens passierte es: Ein Storch stand am späten Vormittag auf dem Nest, scheinbar stoisch wie immer. Dann aber wippte er unvermittelt mit dem Oberkörper, streckte Schnabel, Hals und Kopf nach vorne und flaggte, d.h., er spreizte das weiße Untergefieder unter dem Körper. Er schien von vorne gesehen ein weißes „Unterkleid“ anzuhaben. Wenig später kam lautlos der Partner angeflogen. Er flog im Bogen von unten das Nest an, wurde von seinem flaggenden Partner begrüßt und flaggte seinerseits.

Beide Störche richteten sich auf, machten die Hälse lang und drückten die Schnäbel ins Brustgefieder. Sie bewegten sich langsam mit ihren weißen Unterkleidern ohne jedes Geräusch, wie in einem rituellen Tanz.

Mal standen sie nebeneinander, mal hintereinander, mal war die Bewegung parallel, mal gegenläufig, mal synchron, mal vollkommen unabhängig. Dann plötzlich war der Zauber verflogen. Beide nahmen wieder ihre gewohnte Haltung ein und schienen uninteressiert am anderen. Doch nach einigen Minuten begann dieser „Tanz“ ohne erkennbaren Impuls aufs Neue.

Die Paarung dauert nur knapp eine Minute

Erstes Zeichen für die Erregung war wieder das Flaggen. Diesmal gab es auch zögernde Berührungen mit dem Schnabel am Hals des Partners. Als das Männchen dicht schräg hinter dem Weibchen stand, machte es einen großen Schritt und stand unmittelbar darauf fast aufrecht auf dem Partner.

Dann ging es schnell, aber irgendwie auch unaufgeregt, nicht hektisch weiter. Das Männchen ging auf dem Rücken des Weibchens tief in die Hocke; immer tiefer, bis sich die Hinterleiber berührten. Dabei verschränkten sich die Schnäbel der Vögel ineinander. Ein Schnabelkuss? Zärtlichkeit? Oder war der Schnabelkontakt notwendig, damit das Männchen sich in seiner akrobatischen Haltung auf dem Rücken halten konnte? Die Paarung dauerte nur knapp eine Minute. Dann stand das Paar wieder in der gewohnten Ruhehaltung, scheinbar emotions- und beziehungslos nebeneinander.

Nach etwa zehn Minuten kam wieder Bewegung in die Störche; Flaggen, Umeinander-Nebeneinanderschreiten, Paarung. Das Sexualleben der Schwarzstörche findet in diesen sehr kurzen Episoden fast übergangslos statt. Aber nicht nur an diesem Tag, auch im Verlauf des Vormittags an den folgenden Tagen paarten sich die Störche immer wieder.

In der Balz- und Paarungszeit haben die Schwarzstörche leuchtend rote Beine und Schnäbel

Balz und Paarung boten ein herrliches Bild. Der lichte, gelbbraune Wald, darüber der helle Himmel und auf dem Nest die Störche mit ihren weißen Unterkleidern im Kontrast zu den schwarzen Flügeln. Der einzige echte Farbtupfer waren die roten Beine und Schnäbel, die in der Balz- und Paarungszeit besonders leuchten.

Diese besondere, manchmal fast unwirkliche Stimmung kam vor allem auch deshalb auf, weil es keinen Laut gab. Kein Schreien, kein Fiepen, keine Hektik. Auch der umliegende Wald war recht ruhig, denn die Balz der meisten anderen Vögel hatte noch nicht eingesetzt.

In den nächsten zwei Jahren kamen die Störche fast immer zur gleichen Zeit, erst das Männchen und wenige Tage später das Weibchen. Auch das Verhalten bei Ankunft, Balz und Paarung war nahezu unverändert.

Nur in einem Jahr hatten die Störche es besonders eilig mit der Balz. Sie setzte sofort nach Ankunft des Weibchens ein, zog sich dann aber länger hin. Das Eierlegen und später auch das Schlüpfen der Jungen erfolgten dann wieder zur selben Zeit wie in den anderen Jahren. In diesem Jahr hielt die gute Stimmung zwischen den Störchen lange an, wie das häufige Flaggen zeigte. Bis weit nach dem Schlüpfen der Jungen begrüßten sich die Altstörche flaggend. Ich nehme an, dass einer der Altvögel neu in der Partnerschaft war.

Nestwechsel

Im November des dritten Jahres wurde der Schwarzstorchwald durchforstet, wobei es zu einigen Missverständnissen kam. Alle formalen Vorgaben wie Zeitpunkt des Einschlags und Fertigstellung der Arbeiten wurden eingehalten. Im engen Umfeld des Nestbaums wurde nicht eingegriffen. Leider wurden jedoch auch in dem schmalen Streifen Wald zwischen Nest und dem stark frequentiertem Weg Bäume gefällt. Dadurch wurde der Wald zwischen Nest und Weg durchsichtiger. Die sowieso schon vorhandenen Sichtbeziehungen wurden erhöht und dadurch noch kritischer. Schwarzstorchkenner hätten von diesen Arbeiten abgeraten.

Im März des darauffolgenden Jahres schien der Ablauf zunächst dennoch unverändert: Das Männchen kam pünktlich in der zweiten Märzwoche. Es war hin und wieder am Nest zu sehen und dann allerdings einige Tage verschwunden. Das Weibchen musste auch schon da sein, denn beide wurden hoch am Himmel kreisend in der Umgebung gesehen.

Es erschien aber nicht am Nest. In diesem März wurde das Storchenpaar nie zusammen auf dem Nest gesehen. Nur zweimal innerhalb von zwei Wochen besuchte ein Altstorch das alte Nest. Das Nest war auch nicht weiß bekotet. Normalerweise ein sicherer Hinweis, dass ein Nest besetzt ist. Es musste ein anderes geben!

Es war schon Ende März als ich durch einen Hinweis von Holzwerbern dieses neue Nest entdeckte. Es war schnell zusammengezimmert worden. Das Material bestand aus Buchenschösslingen mit Resten von altem Laub. Nach Mulcharbeiten für geplante Forstarbeiten lagen sie in großer Menge im neuen Revier in unmittelbarer Nähe des neuen Nestes.

Das neue Nest war vor fremden Blicken besser geschützt als das alte

Eine große Überraschung war, dass der „neue“ Nestbaum wieder in der Nähe eines festen Holzabfuhrweges stand. Der Abstand war sogar noch geringer als bei dem alten. Als das neue Nest entstand, wurde am Rande dieses Weges sogar noch Holz aufgearbeitet, d.h. es war laut; ab und zu fuhren Autos und Traktoren.

Der wohl wesentliche Unterschied: Das Nest war vom Weg nur schwer zu sehen! Es befand sich auf dem Seitenast einer Buche, dicht am Stamm, von Ästen umgeben und damit weitgehend vor Blicken vom ca. 100 m entfernten Weg aus geschützt.

Die Wiederbesetzung des alten Nestes durch fremde Schwarzstörche wird erfolgreich verhindert

Als ich das Nest fand, war die Balz noch nicht abgeschlossen und die Störche paarten sich noch. Obwohl sie ein neues Nest hatten, suchte hin und wieder einer der Störche das alte Nest auf. Dabei hörte ich einmal laute Aggressionsschreie. Der Storch flaggte und wippte mit dem Oberkörper. Zwei andere Störche, ebenfalls flaggend, flogen dicht über der Krone des Nestbaumes. Einer drang in den Wald ein und versuchte auf dem Nest zu landen, wurde aber abgewehrt. Die fremden Störche kreisten noch ein paarmal über dem Wald und verschwanden dann aus dem Blickfeld.

Einen Tag später bearbeitete ein Storch das alte Nest heftig mit dem Schnabel. Er hackte offensichtlich Nistmaterial aus dem Nestboden. Mit Brocken davon im Schnabel flog er in Richtung des neuen Nestes.

Was bedeutete das? Brauchte er das Material? Wollte er nach der Erfahrung mit den Eindringlingen das alte Nest bewusst beschädigen?

Im Jahr darauf hoffte ich, dass die Störche doch wieder zu dem alten Nest zurückkehren würden. Aus der menschlichen Perspektive ist das alte Brutrevier schöner. Es hat alles, was der Schwarzstorch braucht oder gerne hat: Feuchtstellen, Totbäume, eine Lichtung und Anflugschneisen. Und auch das Nest erscheint schöner und bequemer.

Schwierige Wahl: altes oder neues Nest?

Schon die Ankunft des Storchenpaars unterschied sich im folgenden Jahr von den vorherigen Jahren. Der erste Storch war bereits in der ersten Märzwoche da und nur zwei Tage später kam der Partner. Aber diesmal waren sie sich offensichtlich über die Wahl des Brutstandortes nicht einig. Mal war einer der Störche auf dem alten, ein anderer auf dem neuen Nest.

Das liest sich chronologisch so:

6.3.	10:00	altes Nest: 1 Storch
7.3.	12:00	altes Nest: 2 Störche
	14:45	neues Nest: 2 Störche, lautes Fiepen
	15:15	altes Nest: 2 Störche
8.3.–10.3.	keine Beobachtungen	
11.3.	8:00	neues Nest: 1 Storch
	11:40	altes Nest: 1 Storch
12.3.	8:00	neues Nest: 1 Storch
	10:30	altes Nest: 2 Störche
	15:00	neues Nest: 2 Störche Paarung
13.3.	14:30	neues Nest: 1 Storch
	14:45	neues Nest: 2 Störche
	15:00	altes Nest: 2 Störche Paarung
14.3.	8:30	neues Nest 2 Störche
15:3	8:30	neues Nest: 2 Störche
17.3.	9:00	neues Nest: 2 Störche Paarung

In den nächsten Tagen bis zum 22.3. wurden die Störche nur noch auf dem neuen Nest gesehen. Als ob alles vorher nur zur Probe stattgefunden hätte, wurde jetzt nochmals sehr intensiv gebalzt und sich unermüdlich gepaart, überraschenderweise auch im Liegen. Dabei wurde es im Gegensatz zu den früheren Jahren laut. Das Weibchen wippte dann mit dem Oberkörper und fiepte laut und andauernd.

Die Arbeitsteilung ist eindeutig: Er besorgt das Nestmaterial, sie verarbeitet es

Dieses Kopulieren im Liegen habe ich seither recht oft beobachtet. Die Störche haben es zwischen dem normalen Paarungsverhalten manchmal gegen Ende der Paarungszeit durchgeführt. Zum Ende der Paarungszeit kam es auch vor, dass die Kopulation nicht beendet wurde. Dann „tanzte" das Männchen nur auf dem Rücken des Weibchens: mal ein Bein in der Luft, mal das andere, mal beide. Dann ein kurzes „in die Hocke gehen" und einige Augenblicke später das Heruntersteigen vom Rücken, das manchmal fast zum Gleiten wurde.

In dieser Zeit, in der schon die ersten Eier gelegt sind, kann man Weibchen und Männchen eindeutig am Verhalten unterscheiden. Frau Storch kümmert sich um die Eier, präpariert offensichtlich Kuhlen und arbeitet immer mal wieder am Nest. Herr Storch fliegt nach den Paarungsritualen oft direkt davon. Ab und zu schleppt er aber auch Nistmaterial wie Zweige und Moos an.

Die Arbeitsteilung war dabei eindeutig. Er hat das Material besorgt und sie hat es verarbeitet. Die intensivsten Renovierungsarbeiten habe ich aber in all den Jahren immer kurz vor dem Schlüpfen beobachtet.

Die Entscheidung für das neue Nest ist allerspätestens mit der Eiablage gefallen. Doch auch danach wurde das alte Nest hin und wieder von einem der Altstörche besucht. War es Nostalgie? Reviersicherung?

Nur in einem Jahr wurde das alte Nest überhaupt nicht besucht. Ein Wintereinbruch im März mit starkem Frost und Schnee brachte die Natur ziemlich durcheinander. Das Storchenmännchen aber stand stoisch im Schnee auf dem neuen Nest, machte keine großen Erkundigungen, sondern wartete auf den Partner.

Brutzeit

Von einem Tag zum anderen war auf dem Nest kein Storch mehr zu sehen. Es schien verwaist. Über Stunden blieb es ruhig, scheinbar kein Lebenszeichen. Doch bei genauem Beobachten schaute ab und zu durch die Zweige des Nestrandes ein rot umrandetes Auge. Die Brutzeit hatte begonnen.

Selten stand der brütende Altvogel auf, vertrat sich die Beine, streckte erst den einen Flügel, dann den anderen Flügel, drehte mit dem Schnabel die Eier und kauerte sich wieder sehr vorsichtig hin. Nach jeweils etwa drei bis vier Stunden tauchte lautlos der Partner auf und flog auf das Nest. Erst jetzt stand der brütende Storch leicht zögernd auf, machte Platz und flog vom Nest. Die „Ablösung" kauerte sich nach kurzem Stochern mit dem Schnabel vorsichtig hin. Dann war wieder über lange Zeit nichts zu sehen.

Im Verlauf der nächsten vier Wochen änderte sich an diesem Grundrhythmus nichts.

Der abgelöste Storch flog häufig nicht gleich davon, sondern oft auf den nahen Ruhebaum mit dem seitwärts abstehenden starken Ast. Auf diesem sonnte er sich, reckte und streckte sich immer wieder. Vor allem für die Gefiederpflege nahm er sich sehr viel Zeit. Intensiv wurde alles erreichbare Gefieder mit dem Schnabel bearbeitet und Feder für Feder durchgekämmt.

Beim Flug durch den Wald gab es bevorzugte Routen, die alle schnell auf eine der Schneisen führten. Die Schneisen erlaubten es den Störchen, bald die Baumkronenhöhe zu erreichen, so dass sie über den Bäumen dann auf direktem Weg die Nahrungshabitate anfliegen konnten. Das waren meist kleine Täler mit Bachläufen.

Der Ruhebaum dient der Entspannung sowie der Körperpflege

In dem neuen Brutrevier gibt es statt des Ruhebaums zwei große Äste, die die gleiche Funktion haben. Einer ist direkt in der Nähe des Nestes und es scheint den Störchen ab und zu schwerzufallen, die sehr kurze Distanz in einem normalen Flug zu überbrücken. Es sieht dann eher nach einem Sprung als nach einem Flug aus. Ein anderer Ast weist eine lange Krümmung auf, und auf dem Scheitel dieser Krümmung ist die „normale" Ruhe- oder Warteposition.

Beide Äste sind anscheinend nicht ideal, deshalb fand die Körperpflege manchmal auch direkt auf dem Nest statt während der Partner brütete.

Manchmal wurde der Ruheplatz auch schon vor der Ablösung aufgesucht. Von da aus ist das Nest gut zu sehen. Stoisch wurde gewartet. Ob der Zeitpunkt der Ablösung nur durch die innere Uhr bestimmt wird? Ohne erkennbares Zeichen flog der Storch plötzlich zur Ablösung.

Auch während der Brutzeit wird noch am Nest „gebaut“

Mit fortgeschrittener Brutzeit wurde das Nest dann noch einmal gründlich „renoviert“. Weder bei der Ankunft des Männchens, noch bei der des Weibchens war es zu solchen intensiven Arbeiten gekommen. Eine Ausnahme war das Frühjahr, in dem das Storchenpaar das neue Nest schnell bauen musste.

Meist nach der Ablösung und vor dem Ausruhen auf dem Ruhebaum flog ein Altstorch davon und kam kurze Zeit später mit einem Zweig zurück. Er wurde sorgfältig platziert und „eingewoben“. Dann flog er wieder davon und kam mit dem nächsten Zweig. Dabei war manchmal zu beobachten, dass er nicht aus der gleichen Richtung zurückkam, in die er geflogen war. Er war offensichtlich durch den Wald „geschritten“ und hatte den Boden nach geeigneten Zweigen abgesucht. Auch kam es vor, dass er mit dem Schnabel von einem Baum einen dürren Ast abgebrochen und dann zum Nest gebracht hat. Nach mehrmaligem Transport von Zweigen wurden danach vor allem Moos und auch Heu herangeschleppt. In diese Renovierungsarbeiten schaltete sich der brütende Partner zuweilen im Liegen mit ein. Er half mit dem Schnabel und korrigierte dabei auch manchmal die Position eines neuen Zweiges. Die Zweige wurden vor allem am Nestrand zur Erhöhung und Verbreiterung eingebaut. Moos und Heu kamen in die Mitte als Unterlage.

Der Frühling kommt

Die Brutzeit, das heißt bei unserem Paar April und Anfang Mai, ist die Zeit, in der sich der Wald am stärksten verändert.

Anfangs nur als grüner „Hauch" im hellen, lichten Wald wahrzunehmen, beginnt das frische hellgrüne Laub der Buchen zu sprießen. Kleine exponierte Zweige machen den Anfang. Dann verdrängen die Blattknospen an den Buchenschösslingen die immer noch hängenden, trockenen, braunen Blätter. Damit wechselt der Wald seine Farbe von hellem Braun zu lichtem Grün.

Der größte Wechsel aber liegt in den Lichtverhältnissen. Je mehr die Blätter in den Kronen der Buchen austreiben, umso weniger Sonnenlicht dringt in den Wald.

Der Wald verliert sehr schnell die „Durchsichtigkeit" der Wintermonate. Er wird dunkler und lauter. Vor allem in den Morgen- und Abendstunden ist er voll von Vogelgezwitscher, leise, laut, melodisch, ausdauernd.

Die Eichen sind später dran als die Buchen. Ihre gelbgrünbraunen Blätter erscheinen nur sehr langsam. Auch danach sind die Eichen nicht so voll belaubt wie die Buchen. Da macht auch der Nestbaum keine Ausnahme. Die Krone über dem Nest schließt sich nur sehr zögernd.

Schlüpfen und Aufzucht

Aus den Renovierungsarbeiten am Nest, der Erhöhung des Nestrandes, kann auf das bevorstehende Schlüpfen der Jungen geschlossen werden. Die hohen Nestränder schützen die Jungen vor dem Herausfallen. Sie sind aber auch ein Sichtschutz. So kann nur auf Grund von Indizien auf das Schlüpfen geschlossen werden.

Das Mooseintragen zur Nesthygiene ist ein weiteres Indiz; ebenso wie vereinzelte weiße Kotflecken auf dem Gefieder der Altvögel. Das eindeutigste aber ist das Füttern, das „Herauswürgen" von Fischen in die Mitte des Nestes, ohne dass man die Jungen sieht. Sie werden von Beginn an mit Fisch gefüttert; und zwar nicht einzeln, sondern sie müssen sich von dem Gebotenen selbst versorgen.

Bereits wenige Tage nach dem Schlüpfen sind die Jungen also sehr aktiv, vor allem bei der Fütterung. Dann ist ab und zu etwas Weißes durch das Reisig des Nestes zu sehen. Manchmal sieht man sogar einen kleinen gelben Schnabel, wie er sich nach oben reckt um als erster an das Futter zu kommen. Sehr früh klettern die Jungen in ihrem weißen Gefieder auch an den Rand des Nestes, drehen sich und spritzen den Kot in einem Strahl über den Nestrand.

Fisch ist die Hauptnahrung der Schwarzstörche

Die Eltern behielten in etwa den Rhythmus der Brutzeit bei. Nach drei Stunden lösten sie sich ab. Der abgelöste Altstorch hat jetzt den schwierigeren Part. Er muss das Futter beschaffen. Die Altstörche flogen vom Nest abwechselnd in die Richtungen der nächsten Bachtäler. Bäche mit gutem Bestand an Groppen und Forellen sind die Hauptnahrungshabitate der Schwarzstörche.

Beim Füttern erkennt man, dass es aber noch andere Nahrungsquellen geben muss: Einmal wurden viele kleine Fische übergeben, d.h. in die Mitte des Nestes ausgewürgt. Die kamen offensichtlich aus einem Bach. Das nächste Mal sind es einzelne große Fische. Deren Größe lässt darauf schließen, dass auch Fischteiche in der Region als Nahrungsquelle dienen können.

Bei der Übergabe der Fische an die Jungen gab es jedes Mal ein heftiges Gerangel um die Nahrung, das aber nach wenigen Sekunden nachließ. Es schien einen Überfluss an Nahrungsangebot zu geben, denn nach einiger Zeit fing der Altvogel an die Reste selbst wieder aufzunehmen. Es kann sein, dass er sie erneut „zwischengelagert“ hat, wahrscheinlicher ist, dass er sich selbst versorgte, nachdem der Hunger der Jungen gestillt war.

Kurz nach dem Schlüpfen haben die Jungstörche ein weißes Dunengefieder

Die kleinen Störche haben ein leuchtend weißes Dunengefieder und sind dadurch leicht zu sehen. Sie wuchsen schnell in den ersten Tagen. Auf Phasen, in denen sie sehr aktiv waren, folgten lange Phasen, in denen man nichts von ihnen wahrnahm, manchmal beunruhigend lang. Wenn dann wieder ein Aktivitätsschub kam, waren alle daran beteiligt und es war „Leben" im Nest. Am deutlichsten sieht man die kleinen Störche, wenn sie angestrengt an den Nestrand klettern, sich umdrehen und den Kot rausspritzen, oder wenn sie schon sehr früh unbeholfen ihre Flügel schlagen.

In den Ruhephasen wurden sie in den ersten Tagen von einem Altstorch gehudert.

Nach und nach wurden die Zeiten länger, in denen der Elternteil, der auf sie aufpasste, auf dem Nest neben ihnen stand. Stoisch, den Schnabel in das aufgeplusterte Brustgefieder gedrückt. Dabei nahmen die Jungen immer wieder Kontakt mit dem Altvogel auf und drückten ihre Schnäbel gegen dessen Beine oder Gefieder. Früh ahmten sie das Verhalten der Eltern nach. Vor allem den Hals und Kopf ganz lang machen und den Schnabel an die Brust drücken.

Wenn die Jungen etwa drei Wochen alt sind, bildet sich seitlich am Auge ein kleiner dunkler Fleck aus. Das erste Anzeichen für den Gefiederwechsel. Noch deutlicher sind die Anzeichen des Wechsels an einem feinen schwarzen Streifen an den Flügelenden zu sehen.

Die Altstörche haben die Jungen meistens im Blick

In der Hauptwachstumsphase mussten die Storcheneltern mehr Fische fangen und die Fütterungsfrequenz erhöhen. Das ging nur, wenn die jungen Störche von jetzt an nicht mehr „rund um die Uhr“ betreut wurden. Sie wurden auf dem Nest allein gelassen.

Doch die Zeiten in denen sie wirklich alleine sind, waren zunächst noch recht kurz. Ohne dass man die Altstörche immer sofort sah, wachte einer von ihnen in der Nähe, entweder hoch oben im Nestbaum oder auf einem der Totbäume in der Nähe des Nestes. Am häufigsten aber wachten sie auf dem Ruhebaum. Hier konnten sie auch von den Jungen gesehen werden.

Wenn die Jungen alleine warten, drückten sie sich oft so in das Nest, dass man sie nicht wahrnehmen konnte. Es kann durchaus sein, dass man 1-2 Stunden das Nest beobachtet und nichts sieht, weder Jung- noch Altvögel.

Ich habe versucht, den zeitlichen Rhythmus jeder Phase der Aufzucht zu erfassen. Wann findet morgens die erste Ablösung bzw. Fütterung statt?

Die nächste Fütterung würde in einem Zeitfenster 2,5 bis 3,5 Stunden später stattfinden. Konnte ich diese Fütterung dann beobachten, so hatte ich eine recht präzise Basis, um die Fütterungsfrequenz abzuschätzen.

Die Fütterung erfolgt nach festen Regeln

Drei Jahre lang konnte ich fast die Uhr danach stellen:

Ein Altstorch war immer ab 6:00 bis ca. 7:00 im Bereich eines nahen Baches. Dann flog er Richtung Nest davon. Der Wechsel auf dem Nest fand zwischen 7:00 und 7:30 statt.

Die Entscheidung über die Ablösung ging von demjenigen Altvogel aus, der mit Füttern dran war. Manchmal schien er das hinauszuzögern, stand auf dem Seitenast des Ruhebaumes und putzte sich. Er schien auf ein nicht erkennbares Signal zu warten. Dann flog er zum Nest. Hier wurde er dann schon von den Jungen erwartet.

Einmal machte ich eine überraschende Beobachtung. Es war zwei Jahre nach dem Umzug auf das neue Nest. Ein Altstorch kam und flog auf den gebogenen Ast, der meist zur Rast, Ruhe und Wache genutzt wurde. Die Jungen bettelten. Er aber zögerte und flog nicht zum Nest zum Füttern. Es vergingen einige Minuten, dann kam mit lautem Fiepen und Flaggen der Partner angeflogen. Es gab einen lautstarken Disput der „Alten" auf dem Ast. Dann flog der zuerst gekommene Altstorch wieder davon; der später gekommene flog zum Nest, fütterte und verschwand wieder.

Nach 20 Minuten kam dann der weggeschickte Storch wieder zurück und fütterte ebenfalls. Offensichtlich war der normale zeitliche Rhythmus aus irgendeinem Grund durcheinander geraten. Entweder hatte einer sehr viel schneller ausreichend Nahrung beschaffen können oder einer hatte sehr viel länger gebraucht. Die Abfolge scheint aber wichtig zu sein und sie wurde nach der kurzen lautstarken Abstimmung wieder eingehalten.

Beobachtungen nochmals zwei Jahre später waren noch ungewöhnlicher. Ein Altstorch stand in der Nähe des Nestes auf einem Ast und ruhte. Er schien gefüttert zu haben, denn die Jungen waren ruhig. Er schien Zeit zu haben, es verging etwa über eine Stunde. Dann kam der zweite Altstorch, fütterte und flog wieder davon. An einem Tag folgte ihm der wartende Storch sofort, an einem anderen Tag blieb er stehen, als ob ihn die Futterbeschaffung nichts mehr angehen würde.

Je älter die Jungen wurden, umso heftiger wurden ihre Auseinandersetzungen um das Futter. Es wurde dabei auch laut. Hatte man von den Eltern, mit Ausnahme von der Balz, meist keine Lautäußerung gehört, so fiepten die Jungen vernehmlich, bis sie endlich ihre Fische bekamen. Manchmal mischte sich in das Fiepen sogar auch ein leichtes Schnabelklappern, wie es bei den Weißstörchen die Regel ist.

In „Fresshaltung" erwarten die Jungstörche das Futter

In der Hauptwachstumsphase sind die jungen Schwarzstörche keine Schönheiten. Sie wirken pummelig wie übergroße Hühner. Die Reste des weißen Dunengefieders hängen zottelig am Oberkörper und den Flügeln. Sie üben immer wieder das Flügelschlagen, wobei sich in großen Flocken die Dunen lösen. Wenn sie dann, die Schnäbel aufgerissen, gierig fiepend, flügelschlagend das Futter erwarten, lässt nichts auf die bald schon schlanke Storchengestalt schließen.

In dieser Phase wurden die Abstände zwischen den Fütterungen etwas kürzer und das Füttern sichtlich anstrengender. Doch den Storcheneltern gelang es, den Jungstörchen „Tischmanieren" beizubringen. Sie flogen vor dem Füttern sehr oft den Ruhebaum oder einen Ruheast an und warteten erst einmal ab. Die Jungstörche sahen sie, gerieten schier aus dem Häuschen, fiepten und rissen die Schnäbel auf. Doch die Eltern beeindruckte das nicht. Sie warteten so lange, bis die Jungen sich wieder beruhigten. Irgendwann nahmen sie die gewünschte „Fresshaltung" ein. Sie stellten sich kreisförmig im Nest auf und die Schnäbel zeigten in die Mitte. Dann plötzlich ohne Vorwarnung flog der Altstorch zum Nest und würgte blitzschnell die Fischnahrung in die Mitte aus. Meistens verließ er das Nest gleich wieder und flog davon, auf den Ruhebaum oder einen der Ruheäste.

Der Sommerwald

Jetzt im Juni hat sich der Wald nochmals verändert. Das Gelbgrün der Buchen ist zu einem satten Grün geworden. Und es ist dunkel. Die Kronen der Bäume sind geschlossen und bilden das Dach einer Halle, die auf vielen Säulen steht. Wo die Sonne durchkommt, ist der Boden mit Buchenschösslingen bedeckt. Dort, wo kein Sonnenlicht durchdringt, gibt es nur vereinzelt etwas Grün; ansonsten ist der Waldboden mit dem braunen, gefallenen Laub der Bäume bedeckt.

Nur die Feuchtstelle, an deren einem Ende der Nestbaum und gegenüber der Ruhebaum steht, bekommt direktes Sonnenlicht. Springkraut ist, neben Brennnesseln, Gräsern und Binsen, die vorherrschende Pflanze in diesem Bereich. Die Totbäume fallen jetzt vor dem Grün der Buchen wieder stärker auf: braun, kahl und teilweise von bizarrer Gestalt.

Beringung

Seit einigen Jahren gibt es ein europäisches Schwarzstorch-Beringungsprojekt, bei dem Jungstörchen neben dem schmalen Aluminiumring der deutschen Vogelschutzwarten ein breiter Kunststoffring angelegt wird. Dieser ist farbig und trägt längs eine gut ablesbare, international abgestimmte Codierung, aus der u.a. das Herkunftsland hervorgeht.

In Hessen werden seit 2007 Schwarzstörche an ausgewählten Nestern beringt. Der Beringer ist Carsten Rohde, der als deutscher Koordinator an dem europäischen Beringungsprojekt mitwirkt und ein ausgewiesener Schwarzstorchexperte ist.

Mitte Juni war es soweit. Die Jungstörche hatten das richtige Alter für das Anlegen der Ringe. Die Ringe dürfen nämlich nicht über das „Kniegelenk" rutschen. Der Fluchtreflex ist aber noch nicht so ausgeprägt, dass die Gefahr besteht, dass sie vom Nest fliehen könnten.

Die Aktion verlief schnell und professionell. Kein Altstorch war in der Nähe. Carsten Rohde kletterte mit seiner Ausrüstung den Nestbaum hoch. Die Jungstörche bekamen die Annäherung mit, lamentierten, fiepten und waren teilweise sogar recht aggressiv, anders als Weißstörche.

Als das Nest erreicht war, warf er ihnen eine leichte Decke über. Ab diesem Augenblick waren sie ruhig. Die Decke wurde an den Rändern gut festgesteckt mit einer Lücke vor Carsten Rohde. Er griff sich ein Paar Storchenbeine nach dem anderen und brachte systematisch den Aluminiumring an dem rechten Bein und den Kunststoffring an dem linken Bein an.

Dann wurde die Decke weggezogen. Die jungen Störche schauten überrascht: wieder Licht? Vorsichtig begannen sie erneut zu protestieren und zu lamentieren. Sie sahen dabei aus wie kleine Ungeheuer.

Carsten Rohde machte noch ein paar Bilder zur Dokumentation und seilte sich dann ab. Nach ca. 40 Minuten war für die jungen Störche der Spuk vorbei. Als wir uns vom Nestbaum entfernten, schien für die Störche der Alltag wieder eingekehrt zu sein. Seit 2010 werden die Jungen unseres Storchenpaares auf diese Weise in jedem Jahr beringt.

Foto: C. Rohde

Flügge

Der Übergang der jungen Schwarzstörche vom übergroßen Huhn mit zotteligem Gefieder zum Jungstorch erfolgte sehr schnell. Mit den letzten Resten der weißen Dunen haben sie auch ihre Kindheit hinter sich gelassen. Sie sind jetzt schwarz und schlank und sehen wie richtige Störche aus. Nur der Schnabel und die Beine sind graugelb, manchmal orangegrau. Diese werden erst richtig rot, wenn sie mit etwa drei Jahren geschlechtsreif sind.

Sie haben auch fast die Größe der Eltern erreicht. Das Füttern der „Halbstarken" wurde zu einer Herausforderung. Manchmal wurde blitzschnell das Nest angeflogen und gefüttert, manchmal eine List angewandt und ein naheliegender Ast als Zwischenstation genutzt. Nach dem Füttern begaben sich die Altstörche auf jeden Fall aus der Gefahrenzone.

Erste Flugversuche

Die Jungstörche verhielten sich immer wieder ungeduldig. Unablässig übte einer das Flügelschlagen. Sie sprangen dabei auch schon hoch. Der forscheste von ihnen kletterte auf den Seitenast und zeigte so seine Abenteuerlust. Es war nicht einfach, ohne fliegen zu können, von da wieder in das Nest zurückzukommen, aber es gelang nach tastenden Versuchen.

Diese letzte Phase vor dem Flüggewerden dauerte auch für mich als Beobachter erstaunlich lang. Rein äußerlich fanden keine wahrnehmbaren Veränderungen der Jungstörche mehr statt. Ich ging täglich davon aus, dass es so weit sein müsste. Eines Morgens Anfang Juli sah ich sie nicht wie sonst auf dem Nest stehen. Ich musste aber nicht lange suchen. Zwei von ihnen standen auf dem Seitenast des Ruhebaumes. Nach einiger Zeit flog ein weiterer Jungstorch auf und steuerte einen Totbaum an.

Das Landen klappte ganz gut, aber sich auf dem schmalen Ast zu halten, schien schwierig zu sein.

Die Jungstörche erkunden die nähere Umgebung

Die Jungvögel flogen noch sehr ungeschickt. Immer wieder schlugen ihre Flügel klatschend gegen kleinere Zweige. Zur Landung suchten sie stabile, nicht flexible Äste, mit Vorliebe einen der verschiedenen Totbäume im Wald.

Auf den Ästen fingen sie dann an, teils unfreiwillig, zu balancieren; manchmal allein, manchmal zu zweit. Durch Gewichtsverlagerung und korrigierendes Flügelschlagen schafften sie es, sich auf dem Ast zu halten. Sie blieben meistens in einer Gruppe zusammen und der Aktivste „gab den Ton an": Wo er hinflog, folgten die anderen. Um die Mittagszeit wurden sie hungrig, kehrten auf das Nest zurück und erwarteten ihre Mahlzeit.

In den ersten Tagen nach dem Flüggewerden beschränkten sich die Aktivitäten vor allem auf die Vormittagsstunden. Dabei wurde der Aktionsradius immer größer. War es anfangs die kleine Lichtung mit den Feuchtstellen in der Nähe von Nest- und Ruhebaum, waren es einige Tage später die größere Feuchtstelle in der Nähe des Waldrandes und der ruhige Waldweg zwischen den beiden Feuchtstellen.

Der Schlamm wurde nach Larven und Würmern untersucht. Es gab auch schon einmal Kabbeleien um einen im Schlamm liegenden glitschigen Tannenzapfen. Von der Feuchtstelle aus wurde zu Fuß im Schreiteschritt der Wald erkundet und liegende Baumstämme bestiegen. Die Wurzelballen umgestürzter Bäume sind wie kleine Hochstände, die einen besseren Überblick erlauben.

Eines Tages nach einem Gewitter kam mir ein Jungstorch mit weit ausgebreiteten Flügeln entgegen. Er war offensichtlich im Gegensatz zu seinen Geschwistern nass geworden und versuchte sich zu trocknen. Er schritt zu dem einzigen Sonnenfleck in diesem Teil des Waldes, stellte sich dort auf einen kleinen Baumstumpf und ließ sich trocknen.

Der Aktionsradius wird immer größer

Die Störche dehnten ihre Ausflüge jetzt zeitlich aus und waren unterdessen auch nachmittags aktiv. Sie waren im Fliegen schon sehr geschickt, umkurvten die Bäume und Äste, und auch das Landen auf beweglichen, flexiblen Ästen und Zweigen bereitete ihnen mittlerweile keine Schwierigkeiten mehr. Sie waren im Wald jetzt nicht mehr so leicht auszumachen. Hatte es bisher genügt, das Nest, die benachbarten Totbäume und die Feuchtstellen zu beobachten, konnten sie jetzt überall sitzen. Manchmal sah man ihre schwarze Silhouette gegen den Himmel. Sie blieben aber in dem engeren Brutrevier mit seinen natürlich vorgegebenen Grenzen.

Doch eines Vormittages erreichten sie bei ihren morgendlichen Ausflügen scheinbar zufällig die Wipfel der Bäume. Wie befreit flogen sie aus dem Wald und über den Wald. Sie flogen bis über ein in der Nähe liegendes Dorf, kreisten eine halbe Stunde und kehrten dann wieder in den Wald zurück. Von dem Tag an weitete sich der Radius ihrer Ausflüge sehr stark aus. Sie waren viel unterwegs und kehrten nur noch zur Fütterung gegen Abend auf das Nest zurück.

Die Altstörche

Die Altstörche waren nun nicht mehr so gefordert, da die Jungstörche, jetzt ausgewachsen, nicht mehr bewacht und auch nicht mehr so oft gefüttert werden mussten.

Dennoch waren die Altstörche im Brutrevier weiterhin präsent, wenn auch nicht mehr so offensichtlich und nicht mehr so häufig. Der große, waagerechte Seitenast des Ruhebaums z. B. liegt ab Mittag immer wieder mal in der Sonne, so dass sich dieser wunderbar zum Ausruhen und Entspannen eignet.

Die Altstörche schienen jetzt noch gelassener zu sein, wenn sie sich dort in der Sonne entspannten und Gefiederpflege betrieben. Beim Putzen warfen sie immer wieder den Kopf in den Nacken, so dass der rote Schnabel senkrecht in die Luft stand. Dabei wurde der Kopf schnell hin und her gewendet und dann der Schnabel in Vibration versetzt. Es erinnerte in der Pose an das Klappern der Weißstörche, nur war kein Laut zu hören.

Ein geheimnisvoller Vogel

Die großen Federn von Brust und Flügeln wurden einzeln mit dem Schnabel „durchkämmt". Nur der Bereich um den Schnabel, den Hals und die obere Brust wurde mit den Füßen gepflegt. Das sah etwas unbeholfener aus als die Gefiederpflege mit dem Schnabel.

Nach dem Putzen wurde geruht: stoisch entspannt. Die Sonne lässt die Federn am Hals in vielen Farben leuchten: changierend blau, violett, rot. Auch das schwarze Gefieder der Flügel ist dann nicht mehr schwarz, sondern hatte einen metallisch dunkelblauen Glanz. Ein wunderschöner, geheimnisvoller Vogel!

Geheimnisvoll auch, weil diese Stimmung sich in Sekundenbruchteilen ändern konnte. Plötzlich sträubte sich das Gefieder an Kopf und Hals. Es wird schwarz und der Vogel bekommt einen Igelkopf. Sekunden später ist das wieder vorbei.

Aber sie waren auch ständig wachsam! Als ich Mitte Juli vormittags in den Wald ging und noch recht weit vom Ruhebaum entfernt war, sah ich einen Altvogel mit dem Rücken zu mir auf dem großen Seitenast stehen. Er rief laut, wippte immer wieder mit dem Oberkörper und „flaggte", d.h. er spreizte das weiße Untergefieder. Er legte bei diesen nickenden, wippenden Bewegungen Kopf und Schnabel schräg, so dass er zum Himmel schauen konnte.

Doch da war für mich nichts zu sehen. Nach 20 Minuten beruhigte er sich. Am nächsten Tag erfuhr ich, dass eine kleine Gruppe von Schwarzstörchen den Wald überflogen hatte.

Ein verletzter Jungstorch

Zunächst fiel es nicht auf. Erst als der Jungstorch vom Nest zu dem großen Seitenast des Ruhebaums flog, wurde es deutlich. Er war verletzt. Er konnte nur mit Mühe auf dem dicken, breiten und stabilen Ast landen. Das Flügelschlagen half ihm, seinen Stand auf einem Bein zu stabilisieren. Das andere Bein streckte er leicht angewinkelt nach hinten weg. Er musste sich auf einem der Ausflüge verletzt haben.

Vom Baum flog er kurz darauf auf den Boden. Hier war es einfacher mit dem Landen, aber das Drama wurde noch deutlicher. Er konnte nicht mehr schreiten. Für jede Fortbewegung musste er die Flügel zu Hilfe nehmen. So flog er immer wieder auf! Er war aber offensichtlich nicht isoliert, sondern bewegte sich zusammen mit meistens zwei seiner drei Geschwister durch den Wald.

Mehr Schwierigkeiten schienen anfangs die Storcheneltern mit der Situation zu haben. Einmal war er allein auf dem Nest und ein Elternteil kam zum Füttern, der wie oft erst den Ruhebaum anflog. Der verletzte Vogel klagte und bettelte mehrmals vergeblich nach Futter. Aber der Altstorch wartete offensichtlich, ob nicht noch die Geschwister kommen würden. Erst nach über einer Stunde erhielt der verletzte Jungstorch Futter.

Dies war sehr wichtig, denn bei der „normalen“ Fütterung hatte er wenig Chancen sich durchzusetzen: Wenn alle in Erwartung des Futters mit dem Kopf zur Mitte des Nestes standen, war er noch dabei. Dann kam der Altstorch, würgte blitzschnell die Fische in die Mitte zwischen die wild flügelschlagenden und zupackenden Jungstörche. Es gab heftige Auseinandersetzungen um das Futter. Der Altstorch flog sofort wieder ab, um nicht selbst von den Schnäbeln der Jungen getroffen zu werden. Nach der Fütterung flogen die Jungstörche nacheinander vom Nest. Zurück blieb auf dem Nestboden der verletzte Jungstorch wie leblos liegen. Es dauerte manchmal über eine Stunde bis er sich das erste Mal wieder bewegte. Bei diesem rücksichtslosen Kampf um das Futter wurde er nicht geschont.

Wenn dann gegen Abend alle Jungstörche wieder zusammen auf dem Nest waren, war oft zu beobachten, wie er von seinen Geschwistern wieder liebevoll gepflegt und bei der Gefiederpflege unterstützt wurde. Sein Zustand hat sich zwar nicht gebessert, er konnte aber mit den Geschwistern Richtung Süden fliegen.

Besuch

Im gleichen Jahr gab es noch ein überraschendes Ereignis. Einer der Jungstörche war besonders abenteuerlustig. Er schien der Älteste zu sein, war der erste, der flügge war, und ging oft seine eigenen Wege. Er kehrte immer erst spät am Tag zum Nest zurück. Die drei übrigen Geschwister waren dagegen meist zusammen und hielten sich nachmittags und gegen Abend oft in der Nähe des Nestes auf.

Deshalb war ich überrascht, als ich Ende Juli bereits am Nachmittag vier Jungstörche auf dem Nest sah. Zwei waren auf dem Nest und zwei auf dem toten Seitenast, auf den die Jungen vor dem Flüggewerden immer wieder geklettert waren. Als ich dann aber den verletzten Jungstorch noch im Nest liegen sah, war ich verwirrt: fünf Jungstörche?

Ich beobachtete die Situation jetzt genauer. Die zwei Jungstörche auf dem Seitenast waren offensichtlich abgedrängt worden. Ihre Versuche, zum Nest abzusteigen, wurden verhindert und sie wurden immer wieder zurückgedrängt. Dabei musste einer sogar einmal abfliegen, weil er sich nicht mehr auf dem Ast halten konnte. Er kehrte aber bald wieder zurück. Jetzt sah ich, dass er einen Ring trug: 1A81 (es war in einem Jahr als die heimischen Jungstörche noch nicht beringt wurden).

Fremde Störche werden auf dem Nest nicht geduldet

Es waren offensichtlich zwei fremde Jungstörche, die bestimmt, aber ohne große Aggression vom Nest gedrängt wurden. Aggression kam erst kurz auf als das älteste der Geschwister dazu kam. Dieser zeigte deutlich, dass ihm der Besuch nicht passte. Er streckte den Kopf in die Höhe, wippte dann und drängte die fremden Störche noch weiter den Ast hinauf.

Aber dann entspannte sich die Situation. Die Geschwister kümmerten sich auffällig intensiv umeinander, legten sich zu dem Verletzten, pflegten sich gegenseitig und ignorierten die Fremden. Diese hatten nur wenig Platz, sich auf dem Ast zu bewegen. Nach etwa 30 Minuten flog 1A81 vom Nest auf die kleine Lichtung mit den Feuchtstellen. Sofort folgte ihm eines der Geschwister. Nach einiger Zeit flogen alle Jungstörche vom Nest und verschwanden zwischen den Bäumen. Später gegen Abend kehrten alle vier Geschwister ohne die fremden Jungstörche zum Nest zurück.

Der Jungstorch 1A81 stammte aus Polen aus einem Nest in der Nähe von Lodz. Er wurde 7 Tage später mit einem ebenfalls beringten Jungstorch aus dem Vogelsberg in einem Teichgebiet in der Nähe von Paris gesehen und fotografiert. Ein Geschwister von 1A81 wurde Ende September in Israel von Carsten Rohde beobachtet.

Beide Geschwister haben also zwei unterschiedliche Routen von Polen Richtung Süden in ein Winterquartier gewählt, einmal die naheliegende Route über Israel und einmal die Westroute über Spanien. Dieses ungewöhnliche Verhalten konnte nur durch das Beringen und konsequentes Ablesen der Ringe beobachtet werden.

Gute Bekannte

In den Jahren, in denen ich das Storchenpaar beobachtete, hatte ich ein Gefühl von Vertrautheit bekommen. Ich wusste ihr Verhalten einzuschätzen, kannte ihre Tagesrhythmen, wusste, wann Rhythmuswechsel erfolgten, wurde dadurch selten von ihnen überrascht und konnte mein eigenes Verhalten danach ausrichten.

Dabei habe ich mich bemüht, auch die Störche mit mir vertraut zu machen. Ich habe nur jeweils drei Beobachtungspositionen genutzt, die ich auf unterschiedlichen Wegen, ohne dabei dem Nestbaum nahe zu kommen, erreichen konnte. An diesen Beobachtungsstellen habe ich den Fotoapparat mit Stativ aufgebaut und mich dann auf einen Anglerstuhl gesetzt, beobachtet und gewartet.

Ich war an allen diesen Stellen von den Störchen vom Nest aus zu sehen; auch vom Ruhebaum. Ich habe fast immer die gleiche Kleidung getragen und einige Grundprinzipien befolgt: großen Abstand zum Nest einhalten, berechenbar bleiben und jede Überraschung vermeiden, den Störchen das Heft des Handelns überlassen.

Das heißt, wenn ein Storch, was immer wieder vorkam, sich in der Nähe von mir hingesetzt hat, so lange warten bis er wieder davonfliegt. Wenn ein Entfernen irgendwann nicht zu vermeiden war, dann so, dass man sich dabei vom Storch entfernt hat und nicht weiter annähert, auch nicht für eine kurze Strecke.

Ich wollte erreichen und habe es, glaube ich, auch erreicht, dass die Störche mein Verhalten einschätzen konnten, so wie ich ihres.

Der sich in der Morgensonne räkelnde Vogel bot ein wunderschönes Bild

Im Juli des letzten Jahres bin ich frühmorgens in den neuen Storchenwald gegangen. Ich wollte nachsehen, ob noch alle fünf Jungstörche zu sehen sind. Spaziergänger hatten nämlich einen nicht richtig flugfähigen Jungstorch auf dem festen Weg gesehen, der in der Nähe des Nestes entlanggeht.

Ich fand die Jungstörche am Wegrand vor. Sie waren aber so aktiv, dass ich nicht beurteilen konnte, wie viele es waren. Einer der Jungstörche flog den genannten Weg entlang Richtung Straße, ein anderer folgte ihm. Da mich interessierte, wohin sie flogen, bin ich ihnen auf dem festen Weg gefolgt. Aber sie waren nicht mehr zu sehen.

Stattdessen stand hoch über dem Weg ein Altstorch exponiert auf dem Seitenast einer Buche in der Morgensonne und putzte sich. Ich holte meine Fotoausrüstung, näherte mich ihm auf dem Weg bis zu dem „zwischen uns vereinbarten Abstand“, baute in Ruhe alles auf und setzte mich. Ich konnte ihn jetzt über mehr als eine Stunde beobachten und fotografieren. Ein wunderschönes Bild, wie er da in der Sonne stand, sich putzte, räkelte und reckte.

Doch plötzlich änderte sich sein Verhalten, er flaggte und schaute zum Himmel. Da flog über uns sein Partner in Richtung Nest. Dies war wohl auch das Zeichen zur Wachablösung, denn nur ein bis zwei Minuten später flog er in Richtung zum nächsten Wiesental davon. Mich hatte er die ganze Zeit zweifellos wahrgenommen, aber ignoriert.

Abschied

Ab den letzten Tagen des Juli wurde es sehr schwierig, die Aktivitäten der Störche zu beobachten. Sie hatten endgültig den Schwarzstorchwald verlassen.

Mir wurden von verschiedensten Seiten Beobachtungen zugetragen, wo sie in welcher Anzahl in der Umgebung gesehen wurden: Ein Teil der Geschwister hielt sich oft in der Nähe einer Fischzucht in meinem Heimatdorf auf, teilweise in Gesellschaft von Graureihern. Mitte August hörten die Beobachtungen dann meistens auf. Die Jungstörche hatten sich auf die Reise gemacht.

Die Altstörche würden ihnen bald folgen. Doch die Bindung an das Nest ist offensichtlich groß. Ein Altstorch, ich nehme an, das Männchen, war in dieser Zeit immer wieder auf dem alten Nest zu beobachten. Er hatte es in den Wochen und Monaten davor immer nur für Sekunden zur Futterübergabe betreten, es für sich aber gar nicht genutzt. Jetzt stand er wieder wie Anfang März längere Zeit stoisch und scheinbar versonnen auf dem Nest. Auch in dem ersten Jahr, in dem die Störche das neue Nest bezogen hatten, kehrte das Männchen zum Abschied auf das alte zurück.

Und eines Tages in der zweiten Augustwoche war es soweit. Am späten Vormittag kreiste ein Schwarzstorch über dem Wald, ein Bussard kam hinzu, dann ein zweiter Schwarzstorch und schließlich unser Männchen. Es war in diesem Jahr gut zu identifizieren, weil es eine abgebrochene Schwungfeder hatte. Er kreiste mit den beiden anderen Störchen, mal näher am einen, mal näher am anderen und er flaggte. Er machte offenbar deutlich: das ist meine Heimat, mein Brutrevier! Flaggend schraubte er sich mit den anderen immer höher und flog davon!

Das andere Leben

Auf dem Weg nach Süden würde sich die kleine Gruppe noch mit anderen Schwarzstörchen, Altstörchen und Jungstörchen zusammenschließen. Die in Deutschland brütenden Schwarzstörche wählen überwiegend die Westroute über Spanien. Manche überwintern inzwischen dort. Der überwiegende Teil aber fliegt weiter über Gibraltar nach Westafrika.

Die meisten Schwarzstörche jedoch, nämlich die aus Nordosteuropa (z. B. Estland, Lettland, Litauen), aus Osteuropa (z. B. Polen, Weißrussland, Ukraine, Tschechien und der Slowakei) und die aus Südosteuropa fliegen über den Bosporus zunächst nach Israel und dann weiter nach Ostafrika.

Sie schließen sich auf dem Weg häufig zu großen Gruppen von über hundert Vögeln zusammen.

In Israel betreiben die Kibuzzim entlang des Jordan und des kleinen Nebenflüsschens Harod auf einer Länge von jeweils rund 40 km künstlich angelegte Fischteichkomplexe. Ein solcher Komplex besteht aus mehreren sehr großen Pools und vielen kleinen Aufzuchtbecken. Das Futter für die Fische wird aus großen Silos automatisch eingetragen. Damit das Wasser immer über ausreichend Sauerstoff verfügt, wird mit Motorpaddeln Luft eingebracht.

Kein Naturparadies, sondern eher eine Landschaft geprägt von einer Agrarindustrie. Denn auch auf den naheliegenden Feldern wird auf riesigen Flächen jeweils eine Nutzpflanzenart angebaut, wie z. B. Zwiebeln. Diese Flächen zeigen sich dann als ein grüner Farbtupfen in einer überwiegend braunen trockenen Landschaft: dunkelbraun die Felder und hellbraun-graubraun die nicht bearbeitete Berg- und Hügellandschaft. Dies wirkt lebensfeindlich, und man ist überrascht, wenn man auf den braunen Feldern plötzlich Weiß- oder Schwarzstörche entdeckt. In großen und kleinen Gruppen verbringen sie da unbeteiligt stehend einen Teil des Tages.

In solchen Gruppen kommen sie auch in der Gegend an. Man kann sie manchmal in großer Höhe am Himmel entdecken und beobachten, wie sich ihr großer Verband langsam auflöst. Es bilden sich verschieden große Gruppen, die sich verteilen und in der Nähe der Teiche landen. An den Teichen treffen sie auf andere Fischfresser, auf Weißstörche, Grau- und Seidenreiher, vereinzelte Fischadler und vor allem auf große Gruppen von Schwarzmilanen.

Manchmal sind die Weißstörche auch noch in größerer Anzahl da. Sie ziehen meist etwas früher in die Winterquartiere. Oder es sind bereits einige Pelikane da, die normalerweise später eintreffen.

Ankunft in Israel

Fischen

Die Störche werden meistens von den Fischern toleriert, denn sie fischen häufig aus weitgehend geleerten Pools die nach dem Ablassen verbliebenen Tiere. Je nach Größe des Pools und seiner Ergiebigkeit kann man Gruppen von weit über 100 Störchen sehen oder eben auch nur recht kleine Grüppchen.

In diesen Gruppen sind die Schwarzstörche meist zusammen mit den anderen „Fischfressern", bilden dabei aber häufig die Mehrheit in einer solchen Gruppe. In diesen Gruppen sind Störche aller Altersklassen anzutreffen: Junge auf ihrer ersten Reise nach Süden, Halbwüchsige und erwachsene, geschlechtsreife Vögel.

Bei aktiv bewirtschafteten Fischpools sind über dem Teich kreisende schwarze Milane ein Indikator für fischende Schwarzstörche. Die Größe der jeweils gejagten Fische entspricht einander. Die erbeuteten Fische werden meist sofort verschlungen. Jungstörche überschätzen und übernehmen sich dabei häufig und schaffen es nicht gleich, größere Fische zu verschlingen. Sie müssen dann die Beute gegen andere Fischfresser, meist Graureiher, verteidigen und fliegen dazu mit dem erbeuteten Fisch weg. Gegenüber eigenen Artgenossen oder auch Weißstörchen sind die Schwarzstörche dagegen nur sehr selten futterneidisch.

Während der Ruhephasen und bei den Schlafplätzen bleiben die Störche unter sich

Die Ruhephasen verbringen die Schwarzstörche weitgehend unter sich. Dann stehen Gruppen von 20, 100 oder auch mehr als 300 Störchen zusammen auf kahlen Feldern oder in abgelassenen Teichen. Gegen Abend fliegen sie zu abgelegenen Schlafplätzen, zum Beispiel an Felsklippen über dem Jordan und kehren frühmorgens im Halbdunkel wieder in den Bereich der Fischteiche zurück.

Sie lassen dabei den Tag ruhig angehen und suchen sich zunächst einen Teich der Wahl für diesen Tag. Sie tanken Sonne, positionieren sich am Ufer oder am Rande der Wasserstelle, bevor sie anfangen zu fischen.

Spätvormittags bei über 30°C fliegen viele der hier rastenden Zugvögel, teils in gemischten Gruppen, auf und testen die Thermik. Ist sie gut und haben sie sich bereits ausreichend erholt, geht die Reise spontan weiter nach Süden.

Die meisten Störche verweilen nur einige Tage. Das Ablesen der Farbringe gibt entsprechende Auskunft. Meist rasten in Israel Störche aus der gleichen Region, d.h., sie verlassen die Heimatregion etwa zur gleichen Zeit und ziehen gemeinsam. Dies ist an den Ringen gut erkennbar.

Gefährliche Reise in den Süden

Der Weg in den Süden und wieder zurück birgt für die Schwarzstörche aber auch Gefahren und viele verlieren unterwegs ihr Leben. So kommen in Israel z.B. an den Fischteichen immer wieder vor allem junge, unerfahrene Störche ums Leben, indem sie sich in den Netzen verfangen, mit denen Aufzuchtbecken überspannt sind. Aus Kostengründen und aufgrund der Gewichtsersparnis haben diese Netze sehr große Maschen und sind sehr lose gespannt. Jungstörche, die auf ihnen zu landen versuchen, sinken ins Wasser, rutschen mit den Beinen in die Maschen und können sich meist nicht mehr selbst befreien. Carsten Rohde hat hier schon viele Storchenleben gerettet. Obgleich vielfach bei den zuständigen Verbänden bemängelt, gibt es bisher kein Zeichen einer Verbesserung.

In zunehmender Zahl ziehen nicht mehr alle Störche in die angestammten afrikanischen Winterquartiere. Für sie ist die Reise in Spanien oder hier in Israel zu Ende.

Wir müssen den Schwarzstorch schützen!

In den letzten Jahren sind Schwarzstörche wieder in ihre früheren Lebensräume bei uns zurückgekehrt und haben sich dazu auch neue Lebensräume erschlossen. Dies wurde zunächst durch die Einstellung der direkten Verfolgung, insbesondere aber durch die Verbesserung der Qualität der Fließgewässer und derzeit ausreichenden Altholzbeständen mit geeigneten Nistbäumen begünstigt.

Doch in jüngster Zeit nehmen die Risiken wieder zu. Der Schwarzstorch wird zunehmend politisiert. In manchen Gegenden besteht die Gefahr, dass er sich wieder zurückzieht.

Ich hoffe, dass ich durch meine Beobachtungen einen Einblick in das Leben dieser geheimnisvollen Vögel geben und ein wenig meine Faszination für die Schwarzstörche weitergeben konnte.

Dieser charismatische Vogel wird nur eine positive Zukunft in unseren waldreichen Mittelgebirgen haben, wenn wir ihn schützen und unterstützen!

Der Schwarzstorch – Wissen kurz gefasst

Abstandsregelungen für Windenergieanlagen

Im Jahr 2007 veröffentlichte die Länderarbeitsgemeinschaft der Staatlichen Vogelschutzwarten (LAG VSW) die „Abstandsregelungen für Windenergieanlagen zu bedeutsamen Vogellebensräumen sowie Brutplätzen ausgewählter Vogelarten" (Berichte zum Vogelschutz 44 (2007), 151–153; auch als „Helgoländer Papier" bekannt). Erstmals wurden mit dieser Fachkonvention die aus artenschutzfachlicher Sicht notwendigen Abstände für Windenergieanlagen zu avifaunistisch bedeutsamen Gebieten sowie Brutplätzen besonders störempfindlicher oder durch WEA besonders gefährdeter Vogelarten definiert. Das „Helgoländer Papier" soll als Abwägungsgrundlage für die Regional- und die Bauleitplanung dienen und zu sachgerechten Entscheidungen im immissionsschutzrechtlichen Verfahren beitragen.

➯ *Bonner Konvention u. AEWA, § 44 BNatSchG, Funktionsraumanalyse, Windenergieanlagen-Empfindlichkeit*

Aggression

Schwarzstörche zeigen bei der Nahrungssuche gegenüber ihren Artgenossen keine Aggressionen.

Im Nestbereich hingegen dulden sie keine fremden Schwarzstörche. Dabei sind zwei Posen zu beobachten: Aufrichten, „Großmachen" mit einem nach schräg oben gereckten Hals, Kopf und Schnabel oder eine Nickbewegung nach vorne auch mit ausgestecktem Hals. Verbunden ist dieses Verteidigungs- und Abwehrverhalten manchmal mit Flaggen und/oder einem lauten schrillen Fiepen. Die Jungstörche im Nest verteidigen sich so gut es geht gegenüber Eindringlingen, z.B. einem Marder, mit Schnabelhieben.

➯ *Flaggen, Gesang und Klappern, Störungsempfindlichkeit*

Altstörche

Altstörche haben einen roten Schnabel und rote Beine. Das Rücken- und Flügelgefieder ist schwarz mit metallisch blauem und purpurfarbenem Glanz. Um Hals und Kopf schimmert das Gefieder je nach Lichteinfall violett, rosa, grün, blau.

➯ *Brutbiologie, Jungstörche, Geschlechtsreife, Maße und Gewichte, Ruhebaum, Gefiederentwicklung*

Anhang I-Art

Im Anhang I der Vogelschutzrichtlinie der EU (Richtlinie 2009/147/EG vom 30. November 2009) sind alle europäischen Vogelarten aufgeführt, für deren Schutz besondere Maßnahmen ergriffen werden müssen; dazu gehört der Schwarzstorch. Für sie werden spezielle Schutzgebiete ausgewählt.

➯ *EU-Vogelschutzrichtlinie*

Ankunft

Ab Ende Februar kann man Schwarzstörche auf dem Rückzug beobachten. In der ersten Aprilhälfte sollten die Reviere besetzt sein. Meist kommt zunächst das Männchen, dann wenige Tage später das Weibchen. Bei vielen Paaren werden gleich die Nester „renoviert", das Revier in gemeinsamen Flügen inspiziert. Dann setzt die Balz ein.

➯ *Winterquartier, Nestpflege, Balz, Revierflüge*

Aufzucht

Die Aufzuchtzeit beginnt mit dem Schlüpfen und endet nach 60–72 Tagen, wenn die Jungen nicht mehr am Nest gefüttert werden. In diesem Zeitraum werden die Jungen so selbstständig, dass sie den Flug ins Winterquartier antreten können.

➯ *Nest, Füttern, Winterquartier, Nestpflege, Nestbindung*

Balz

Nach Ankunft des zweiten Partners. Findet auf dem Nest statt. Flaggen, Berührung, rituelle Bewegungen, stummes Umherschreiten; ganz selten „Gesang", Paarung unvermittelt aus dem Balzritual.

➯ *Ankunft, Flaggen, Gesang und Klappern, Nest, Paarung, Revierflüge, Störungsempfindlichkeit*

Bodenbewuchs

Zum Brutrevier der Schwarzstörche gehören meist Schneisen und kleine Lichtungen. Dieser Lichteinfall begünstigt das Wachstum von Pflanzen am Waldboden d.h. das Entstehen von dichtem Bodenbewuchs. Dieser kann Prädatoren Deckung bieten und so die Sicherheit der Jungvögel gefährden. Daher ist im Bereich von Brutnestern der Waldboden meist übersichtlich.

➯ *Brutrevier, Nest, Nestlage, Prädation und Nistplatzkonkurrenz, Totholz*

Bonner Konvention u. AEWA

Das Übereinkommen zur Erhaltung wandernder wild lebender Tierarten (englisch *Convention on the Conservation of Migratory Species of Wild Animals*, CMS) wurde 23. Juni 1979 in Bonn abschließend verhandelt und unterzeichnet und wird daher auch als Bonner Konvention bezeichnet. Das Regelwerk trat am 1. November 1983 in Kraft. Ziel des im Rahmen der Bonner Konvention am 16.06.1995 verabschiedeten und am 01.11.1999 völkerrechtlich in Kraft getretenen Abkommens zur Erhaltung der afrikanisch-eurasischen wandernden Wasservögel (Agreement on the Conservation of African-Eurasian Migratory Waterbirds, AEWA) ist es, im Geltungsbereich vorkommende Wasservogelarten in einen günstigen Erhaltungszustand zu bringen oder hierin zu halten. Hierzu zählt auch der Schwarzstorch. Der Geltungsbereich des AEWA umfasst einen Großteil des Gesamtjahreslebensraumes des Schwarzstorchs. Für die Arten des AEWA sind Aktionspläne zu erarbeiten

➯ *EU-Vogelschutzrichtlinie, Abstandsregelungen für Windenergieanlagen*

§ 41 BNatSchG

Der Schutz von Vögeln vor Stromschlägen an Mittelspannungsfreileitungen ist in § 41 BNatSchG vom 29. Juli 2009 geregelt. Demzufolge mussten vor 2002 aufgestellte Masten mit für Vögel gefährlichen Mastköpfen bis zum 31.12.2012 nach dem Stand der Technik entschärft werden. Alle seit 2002 neu aufgestellten Maste müssen konstruktiv so ausgeführt werden, dass Vögel nicht durch Strom- oder Kurzschluss zu Schaden kommen.

➯ *§ 44 BNatSchG*

§ 44 BNatSchG

Im Bundesnaturschutzgesetz ist dem Artenschutzrecht ein eigenes Kapitel gewidmet. Aus den § 44 ff. BNatSchG ergeben sich die Tötungs- und Störungsverbote besonders bzw. streng geschützter Tierarten sowie die Beschädigungs- und Zerstörungsverbote ihrer Lebensstätten. Der Schwarzstorch ist eine streng geschützte Art. Besonders bei WEA-Planungen im Wald sind die Vorgaben des Artenschutzes zu beachten.

➯ *Abstandsregelungen für Windenergieanlagen, § 41 BNatSchG, Spez. Prüf. Artenschutz, Störungsverbot (§ 44 Abs. 1 Nr. 2 BNatSchG), Tötungsverbot (§ 44 Abs. 1 Nr. 1 BNatSchG), Umweltschadensgesetz, Zugriffsverbot (§ 44 Abs. 1 Nr. 3 BNatSchG) – Schutz der Fortpflanzungs- und Ruhestätten*

Brutbiologie

Legezeit:	Anfang/Mitte April bis Anfang Mai; 1 Jahresbrut
Gelegegröße:	3–5 (6) weiße Eier
Brutdauer:	32–36 Tage (beide Geschlechter brüten), Junge flügge nach ca 60–65 Tagen
Fütterung im Nest:	60–72 Tage
Geschlechtsreife:	ab 3. Jahr

➯ *Altstörche, Jungstörche, Lebensalter, Maße und Gewichte*

Brutrevier

Das engere Brutrevier kann man formal mit dem Horstschutzzonen-Radius von 300 m abgrenzen. Neben dem Nestbaum gehört meist ein Totbaum als „Ruhebaum" oder feste exponierte Äste in Nachbarschaft des Nestes dazu. Auf denen ruhen, wachen und putzen sich die Störche.

➯ *Bodenbewuchs, Horstschutzzone, Prädation und Nistplatzkonkurrenz, Revierflüge, Ruhebaum, Totholz*

Brutzeit

Beim Brüten wechseln sich die Altvögel alle 3–4 Stunden ab. Sie dauert ca. 32–36 Tage. In dieser Zeit ist die Störungsempfindlichkeit groß. Das Nest wird intensiv gepflegt. Der brütende Altstorch kauert sich z.T. tief ins Nest. Nur die Kotspuren zeigen die Besetzung des Nestes an.

➾ *Störungsempfindlichkeit, Störungen, Nestpflege, Nest*

Dismigration

Unter Dismigration oder Ansiedlungsstreuung als vogelkundlichem Fachbegriff sind Zerstreuungswanderungen, insbesondere, aber nicht ausschließlich, von Jungvögeln zu verstehen, die sie von ihrem Geburtsort beziehungsweise vom Ort der letzten Brut wegführen. Mit dem internationalen Schwarzstorch-Farbringprogramm möchte man auch herausfinden, wo sich die Schwarzstörche nach Erlangen der Geschlechtsreife ansiedeln.

➾ *Jungstörche, Farbberingung, Telemetrie und Datenlogger, Monitoring*

EU-Vogelschutzrichtlinie

Die Vogelschutzrichtlinie der EU trat 1979 in Kraft und regelt den Schutz der wildlebenden Vogelarten und ihrer Lebensräume in der Europäischen Union und den Einrichtungen *Europäischer Vogelschutzgebiete*. Die zahlen- und flächenmäßig geeignetsten Gebiete mussten für die Anhang I-Arten der EU-VSRL, zu denen auch der Schwarzstorch gehört, als Schutzgebiete ausgewiesen werden. Die Mitgliedsstaaten müssen einen guten Erhaltungszustand der Arten gewährleisten. Maßnahmenpläne müssen diesbezüglich von den Ländern erarbeitet werden.

➾ *Anhang I-Art, Bonner Konvention u. AEWA*

Farbberingung

Die Farbberingung der Schwarzstörche mit länderspezifischen Kennringen ermöglicht eine individuelle Erkennung der Vögel. Die Jungvögel erhalten im Alter zwischen vier und sechs Wochen je einen Vogelwarten-Ring und einen farbigen Kunststoff-Kennring. Die Kennringe werden über dem Intertarsalgelenk (dem „Knie“) angebracht und sind aus einiger Entfernung ablesbar. Die Beschriftung besteht aus einer Kombination von Buchstaben und Zahlen, die zusammen mit der Farbe des Ringes individuell jeden Schwarzstorch kennzeichnen. Deutschland verwendet weiße Ringe mit schwarzen Zahlen und Buchstaben (z.B.: TN 9), wobei das „T“ dem Landescode entspricht.

➾ *Telemetrie und Datenlogger, Funktionsraumanalyse, Monotoring, Nestbetreuer, Dismigration*

Flaggen

Spreizen des weißen Unterschwanzgefieders, dieses ist dann auffällig sichtbar. Zeigt Erregungszustand an.

➾ *Balz, Aggression, Sozialverhalten, Revierflüge*

Flugrouten

Als „Segler“ benötigen die Schwarzstörche für ihre Flüge die Thermik über den Landflächen. Die europäischen Schwarzstörche nutzen wie andere „Segler“ zwei Flugrouten, die nur sehr kurz über das Meer führen. Die Westroute über Spanien und die Meerenge von Gibraltar sowie die Ostroute über den Bosporus, Israel und die Sinaihalbinsel. Die deutschen Schwarzstörche bevorzugen die für sie kürzere Westroute; die Mehrheit der Schwarzstörche aus den ost- und nordosteuropäischen Ländern die Ostroute.

➾ *Israel, Wegzug, Winterquartier, Mauser*

Forellenregion

Die Hauptnahrung des Schwarzstorchs sind Fische, bevorzugt Forellen und Groppen, er nimmt aber auch andere Bachorganismen auf wie Krebse und Wasserinsekten. Die Schwerpunktvorkommen des Schwarzstorchs liegen daher in den Mittelgebirgsbereichen und decken sich mit der Forellen-(Salmoniden)Region. Das Vorkommen und auch der Bruterfolg des Schwarzstorchs hängen wesentlich von einem funktionierenden Ökosystem Bach ab. Schutz- oder Renaturierungskonzepte mit der Zielart Schwarzstorch sollten dies berücksichtigen.

➾ *Nahrungshabitat, Nahrung*

Funktionsraumanalyse

Schwarzstörche agieren zwischen dem Neststandort und den bevorzugten Nahrungshabitaten großräumig. Flüge in 5 bis 7 (auch > 20) Kilometer entfernte Gebiete sind dabei keine Seltenheit. Funktionsraumanalysen, d.h. Studien zur Raumnutzung der

Schwarzstörche, liefern wichtige Hinweise für die Raumplanung, z.B. für Windkraft-Standorte. Sie werden von Seiten des Naturschutzes gefordert, wenn Restriktionsräume betroffen sind. Für ihre sachgerechte Durchführung und die Bewertung des komplexen Raumnutzungsverhaltens der Schwarzstörche bedarf es erfahrener Artkenner.

⇨ *Farbberingung, Nahrungshabitat, Nahrungssuche, Revierflüge, Nestsuche, Telemetrie und Datenlogger, Windenergieanlagen-Empfindlichkeit, Monitoring, Abstandsregelungen für Windenergieanlagen*

Füttern

Nach der Aufnahme wird das Futter im Kropf „gelagert". Die Schwarzstorchjungen werden nicht einzeln gefüttert, sondern der Inhalt des Kropfes wird in der Mitte des Nestes ausgewürgt. Die Jungen bekommen von Beginn an „Fischnahrung". Was übrig bleibt, nehmen die Altvögel wieder auf. Vor dem Füttern sind die Jungen sehr erregt, sie fiepen, japsen und klappern. Die Altvögel warten oft in Nachbarschaft zum Nest ab, bis sich die Aufregung etwas gelegt hat, bevor sie zum Füttern auf das Nest fliegen. Selbst nachdem sie schon lange flügge sind, werden die Jungen noch auf dem Nest gefüttert.

⇨ *Nahrung, Nest, Nestbindung, Gesang und Klappern, Aufzucht*

Gefiederentwicklung

Bis ca 2,5 Wochen weiße Dunen, dann Ausbildung eines schwarzen Ohrfleckes. Nach 3 Wochen schwarze Spitzen der Handschwingen und dunkle Gesichtsmaske vom Schnabelansatz bis zu den Augen. Bis zur 4. Woche ist der Gesamteindruck noch weiß. Ab der 5. Woche ist das Rückengefieder bereits durchgehend dunkel und ab der 7. Woche zieht sich eine weiße „Irokesenhaube" über Kopf in den Nacken. Nach der 9. Woche sind nur noch selten Dunenreste zu sehen.

⇨ *Mauser, Altstörche, Jungstörche*

Gefiederpflege

Die Schwarzstörche, alt und jung, verwenden sehr viel Zeit zur Gefiederpflege. Mit dem Schnabel werden die Federn durchgekämmt, nur im Hals- und Kopfbereich wird ein „Fuß" genutzt.

⇨ *Mauser, Ruhebaum, Sozialverhalten*

Gesang und Klappern

Schwarzstörche verfügen durchaus über ein Repertoire von Lautäußerungen, das aber nur selten zu hören ist. Ein lautes, schrilles Fiepen zeigt bei den Altstörchen höchste Erregung, z.B. bei Balz und bei Aggression. Bei den Jungstörchen ist der Bettelruf charakteristisch; ein nicht sehr lautes Fiepen, Japsen, wie beim Luft schnappen; bei Störungen kann es fast zum Gröhlen werden. Bei ihnen kann vor und nach dem Füttern ein leises Klappern zu hören sein.

In den Situationen, in denen ein Weißstorch klappert, ist ein Schwarzstorch ruhig.

⇨ *Aggression, Balz, Füttern*

Geschlechtsreife

In der Regel sind Schwarzstörche ab dem vierten Kalenderjahr geschlechtsreif. Äußere Merkmale sind der leuchtend rote Schnabel und die roten Beine, die bei den Jungstörchen noch graugrün, graugelb bis grauorange sind.

⇨ *Jungstörche, Altstörche, Paarung*

Horstschutzzone

Zum Schutz des Schwarzstorchs und anderer Großvogelarten wurden in einigen Bundesländern (z.B. Mecklenburg und Brandenburg) gesetzliche Horstschutzzonen erlassen. Angepasst an die brutbiologischen Parameter der Art werden räumliche (Horstschutzzone I = 100 m-Radius, Horstschutzzone II = 300 m-Radius) und zeitliche Vorgaben festgesetzt, die den Schutz der Art gewährleisten. Mittlerweile gibt es in den meisten Bundesländern Leitlinien des Naturschutzes im (Staats-) Wald, die eine ähnliche Intention haben, aber lediglich als Empfehlung zu sehen sind.

⇨ *Störungen, Störungsempfindlichkeit, Brutrevier*

Hybridisierung

Hybridisierung ist eine Kreuzung über Artgrenzen hinweg. Dies kommt bei Wasservögeln wie Enten und Gänsen vor, die eng zusammenleben. Beim Schwarzstorch ist eine Kreuzung mit dem Weißstorch außerhalb der Gefangenschaft nicht bekannt. Beide nahe verwandten Arten kommen in so unterschiedlichen Bruthabitaten vor, dass eine solche ungleiche Partnerschaft unwahrscheinlich ist.

⇨ *Paarung*

Israel

Israel ist ein bekanntes Transitland und Überwinterungsgebiet für Zugvögel. Für die Schwarzstörche ist die Region südlich des Sees Genezareth wegen der großen Anzahl von Fischzuchtanlagen von besonderer Bedeutung. Hier kommen die Störche in großen Gruppen an, bleiben meist einige Tage und füllen die Nahrungsreserven auf.

➾ *Flugrouten, Winterquartier*

Jungstörche

Flügge Jungstörche sind von den Altstörchen durch die graue (graugrüne-grauorange) Farbe von Schnabel und Beinen zu unterscheiden. Das Rücken- und Flügelgefieder ist matt schwarzbraun. Bis zur Geschlechtsreife verändern sich die Farben allmählich.

➾ *Altstörche, Brutbiologie, Dismigration, Gefiederentwicklung, Geschlechtsreife, Maße und Gewichte, Ruhebaum*

Lebensalter

Über das Alter freilebender Schwarzstörche liegen nur wenige verwertbare Angaben vor. Der älteste beringte Schwarzstorch wurde 18 Jahre alt. In Zoologischen Gärten sind Schwarzstörche mehr als 30 Jahre alt geworden.

➾ *Brutbiologie, Maße und Gewichte*

Manschetten

Um Brutausfällen oder Verlusten von Schwarzstörchen durch Waschbären und Baummarder vorzubeugen, hat man mittlerweile in Problemgebieten Manschetten an den Stämmen der Nestbäume angebracht. Die Manschetten sind etwa 1 m hoch und umschließen den Stamm komplett. Die glatte Oberfläche verhindert ein Hochklettern des Prädators. Insbesondere sind Neststandorte auf Eichen gefährdet, da die raue Borke dem Waschbären das Hochklettern erleichtert.

➾ *Prädation und Nistplatzkonkurrenz, Nestbetreuer*

Maße und Gewichte

Gewicht:	2400–3000 g (3200 g)
Spannweite:	1500–1900 mm (max: 2006)
Flügellänge:	520–600 mm
Länge:	950–1000 mm

➾ *Altstörche, Jungstörche, Lebensalter, Brutbiologie*

Mauser

Den Gefiederwechsel bei Vögeln bezeichnet man als Mauser. Dieser läuft bei den Arten sehr unterschiedlich ab. Für den Schwarzstorch als Segelflieger ist eine intakte Tragfläche (Flügel) von entscheidender Bedeutung, deshalb erspart er sich große „Mauserlücken" im Flügel. Die Mauser ist beim Schwarzstorch so gestaffelt, dass er immer nur Einzelfedern verliert. Erst im dritten Lebensjahr, mit Eintritt der Geschlechtsreife, ist das Gefieder zum Alterskleid hin voll durchgemausert.

➾ *Flugrouten, Gefiederpflege, Gefiederentwicklung Jungvögel*

Monitoring

Zu den wichtigsten Aufgaben des Vogelschutzes gehört heute die systematische Bestandserfassung (Monitoring) von Vogelarten. Diese beinhaltet die länder- bzw. bundesweite Dokumentation der Bestandssituation und -entwicklung von ausgewählten (insbesondere gefährdeten) Vogelarten, zu denen auch der Schwarzstorch gehört. Bei den laufenden Monitoringprogrammen kommen standardisierte Methoden zur Anwendung. Monitoringergebnisse liefern wichtige Wissensgrundlagen für einzuleitende Schutzmaßnahmen.

➾ *Funktionsraumanalyse, Telemetrie und Datenlogger, Farbberingung, Nahrungssuche, Revierflüge, Nestbetreuer, Dismigration*

Mythologie

Weißstörche sind Kulturfolger und suchen die Nähe des Menschen. Sie sind mythologisch positiv besetzt. Die heimlichen lebenden Schwarzstörche sind Kulturflüchter, meiden den Menschen, sind störungsempfindlich und verkörpern im Vergleich eher das Böse. Dazu hat auch ihr Ruf als Fischräuber beigetragen.

➾ *Nahrung*

Nahrung

Hauptbestandteil der Nahrung von Schwarzstörchen sind Fische, die sie überwiegend in Fließgewässern, selten auch in flachen Uferbereichen von Teichen erbeuten. Aber auch Amphibien, Amphibienlarven, Krebse und Insekten gehören zum Nahrungsspektrum. Die Schwarzstörche können die erbeuteten Nahrungstiere in ihrem Kropf „zwischenlagern" und bei Bedarf auswürgen.

➾ *Forellenregion, Füttern, Mythologie, Nahrungshabitat, Nahrungssuche*

Nahrungssuche

Zur Nahrungsbeschaffung suchen die Altstörche unterschiedliche Habitate auf. Das erfolgt nach keinem erkennbaren Schema. Durchschnittlich sind sie über 3 Stunden unterwegs. Sie fliegen dabei zum Teil sichtbar über große Distanzen, zum Teil niedrig und verborgen in Bachtälern.

⇨ *Nahrungshabitat, Nahrung, Windenergieanlagen-Empfindlichkeit, Monitoring*

Nahrungshabitat

Das Nahrungshabitat des Schwarzstorchs ist ein verzweigtes System von Tälern mit Fließgewässern und Teichen. Bäche, die ihm aufgrund des Uferbewuchses durch Erlen und Weiden ausreichend Deckung bieten, durchschreitet er auf der Suche nach Nahrung. Dabei ist er nicht wählerisch und frisst das an Fischen und Amphibien, was sich ihm bietet. Innerhalb des Nahrungshabitates fliegt er manchmal niedrig von einem Tal ins andere; manchmal nutzt er die Thermik und fliegt in größerer Höhe.

⇨ *Nahrung, Nahrungssuche, Funktionsraumanalyse, Windenergieanlagen-Empfindlichkeit, Revierflüge, Forellenregion*

Nest

Für Monate Zentrale des Schwarzstorchlebens: Balz, Paarung, Brut, Aufzucht, Durchmesser >1,5 m, lichte Höhe > 1,5 m, viele Jahre vom gleichen Paar genutzt, viele Zentner schwer. Nestbäume: in D häufig Buchen und Eichen, seltener andere Baumarten. Geschichtet aus recht großen Zweigen. Meist Hanglage nach SO-S-SW. Nest wird ab Besetzung durch Kot weiß bekalkt.

⇨ *Störung, Nestplattform, Nistmaterial, Nestpflege, Nestbindung, Balz, Bodenbewuchs, Brutzeit, Aufzucht, Traditionsnest, Wechselnest, Paarung, Nestlage, Prädation und Nistplatzkonkurrenz, Füttern, Wache, Nestsuche*

Nestbetreuer

Zum Schutz des Schwarzstorches gibt es regional ein Netzwerk von Nestbetreuern. Diese fungieren lokal/regional als Ansprechpartner für Kommunen, Naturschutzbehörden, Forstverwaltungen, Jagdpächter und auch Bürgerinitiativen. Sie übernehmen das Monitoring und koordinieren notwendige Maßnahmen in Abstimmung mit den zuständigen Vogelschutzwarten.

⇨ *Monitoring, Farbberingung, Manschetten, Nestsuche, Nestplattformen*

Nestbindung

Enge Bindung an Nest und Neststandort. Männchen und Weibchen verlassen im Herbst getrennt das Nest und kehren im Frühjahr einzeln wieder zurück. Die Jungen kehren nach dem Ausfliegen über Wochen täglich gegen Abend zum Nest zurück. Sie werden sehr lange noch auf dem Nest und nur dort gefüttert.

Insbesondere nach Störungen wird im gleichen Aktionsraum ein neues Nest gebaut. Das alte behält seine Bedeutung, wird vor allem bei der Ankunft sporadisch aufgesucht und manchmal auch erneut zur Brut genutzt.

⇨ *Nest, Störungsempfindlichkeit, Aufzucht, Nestplattform, Wegzug, Revierflüge, Wache, Füttern*

Nestlage

Die Nester liegen in einer Höhe von > 10 m meist direkt am Stamm in einer Gabel, Zwickel, häufig auch auf verzweigten Seitenästen. Diese Nester sind wegen ihres hohen Gewichtes langfristig gefährdet. Abgestürzte Nester sollten durch Nistplattformen ersetzt werden.

⇨ *Nestplattform, Nest, Bodenbewuchs, Nestsuche, Prädation und Nistplatzkonkurrenz*

Nestpflege

direkt bei Nestbezug, beim Brüten, vor allem kurz vor dem Schlüpfen, während Jungenaufzucht. Ausbesserung von Schäden, Erhöhung des Nestrandes mit Zweigen. Eintragung von Moos, trockenem Gras, zur Hygiene.

⇨ *Nest, Brutzeit, Aufzucht, Nistmaterial, Ankunft*

Nestplattform

In unseren Wirtschaftswäldern kommt es häufiger zu Nestabstürzen durch Wind- bzw. Sturmeinwirkung oder Schneelast. Meistens betrifft dies Nester, die auf Seitenästen von Buchen angelegt wurden. In solchen Fällen wird „Ersatz" in Form von Brutplattformen geschaffen. Dabei wird derselbe Baum für die Plattformunterkonstruktion genutzt. Viele Details sind dabei zu beachten, damit die Vögel das „Kunstnest" annehmen, u.a. wird das Nistmaterial so aufgebracht, als ob der Storch es selbst gebaut hätte.

⇨ *Nest, Nistmaterial, Nestlage, Nestbindung, Nestbetreuer, Wechselnest*

Nestsuche

Die Kenntnis des Neststandortes ist für die Umsetzung von Artenschutzmaßnahmen von entscheidender Bedeutung. Das Auffinden von Schwarzstorchnestern ist extrem schwierig und zeitaufwendig. Beobachtungen von exponierten Punkten im Frühjahr während der Revierbesetzungsphase und auch in der Aufzuchtzeit liefern wichtige Hinweise, wo man im Herbst/Winter suchen muss. Die gezielte Nestsuche wird von Spezialisten wie den Nestbetreuern durchgeführt.

⇨ *Nest, Nestlage, Revierflüge, Funktionsraumanalyse, Nestbetreuer*

Nistmaterial

Für „Rohbau" recht große, trockene Zweige. Zum Auspolstern und zur Nesthygiene Moos, trockenes Gras. Der Transport erfolgt im Schnabel, die Beschaffung fast immer aus näherem Nestumfeld.

⇨ *Nest, Nestpflege, Nestplattform*

Paarung

Die Paarung der Schwarzstörche wenige Tage nach dem Nestbezug erfolgt ausschließlich auf dem Nest. Die größte Aktivität wird in den späten Vormittagsstunden beobachtet. Der Kopulation geht ein Balzvorgang voraus, der sehr kurz sein kann. Die Kopulation dauert ca. 1 Minute, während der ganzen Zeit verhält sich das Weibchen ruhig. Nur dem Männchen ist die Erregung anzusehen: Flügelschlagen, Schnabelverschränkung. Nicht selten erfolgen innerhalb einer Stunde mehrere Kopulationen.

⇨ *Nest, Balz, Geschlechtsreife, Hybridisierung*

Prädation und Nistplatzkonkurrenz

Schwarzstörche haben wenige natürliche Feinde. Kolkrabe, Seeadler, Uhu und sogar der Rotmilan machen dem Schwarzstorch hin und wieder den Brutplatz streitig. Dies hat schon zur Aufgabe angestammter Brutreviere geführt. In jüngerer Zeit mehren sich Hinweise, dass neben dem Baummarder auch der Waschbär als Nest- und Gelegeräuber auftritt. Der Waschbär nutzt dann auch die großen komfortabel mit Moos ausgekleideten Nester des Schwarzstorches zum Ruhen und Schlafen. Auch das hat zu Brutplatzaufgaben geführt.

⇨ *Brutrevier, Nest, Nestlage, Manschetten, Bodenbewuchs*

Revierflüge

Nach Rückkehr aus dem Winterquartier zeigen die Schwarzstörche ihre Ankunft in ihrem angestammten Revier durch getrennte oder gemeinsame Revierflüge an, meist „flaggend". Die gemeinsamen Flüge können als ein Teil der Balz betrachtet werden.

⇨ *Brutrevier, Nestbindung, Nahrungshabitat, Balz, Flaggen, Ankunft, Nestsuche, Funktionsraumanalyse Windenergieanlagen-Empfindlichkeit, Monitoring*

Ruhebaum

Die Altstörche benötigen in Nestnähe einen Platz, auf dem sie ruhen und wachen können und den sie z.B. vor oder nach dem Füttern anfliegen. Es sollte eine Sichtbeziehung zum Nest gegeben sein. Ideal ist, wenn er ab und zu in der Sonne liegt und auch Wärme getankt werden kann. Jungstörche nutzen ihn für die ersten Ausflüge.

⇨ *Totholz, Brutrevier, Wache, Altstörche, Jungstörche, Gefiederpflege*

Sozialverhalten

Schwarzstörche sind monogam. Sie fliegen getrennt ins Winterquartier und treffen sich erst im Frühjahr wieder am gemeinsamen Nest. Positive Stimmung zwischen den adulten Störchen drückt sich durch das Flaggen aus. Gegenseitige Gefiederpflege ist sowohl bei den Alt- als auch den Jungstörchen ausgeprägt. Die Jungen nehmen sehr früh nach dem Schlüpfen mit dem Schnabel Körperkontakt zu Eltern und Geschwistern auf. Gehandicapte Junge werden von den Geschwistern eher unterstützt als verdrängt. Nur beim Fressen ist sich jeder der nächste.

⇨ *Wegzug, Gefiederpflege, Flaggen*

Spez. Prüf. Artenschutz **(Stichwort besser ganz ausschreiben)**

Im Rahmen der speziellen artenschutzrechtlichen Prüfung (saP) ist zu klären, ob und in welchem Umfang die Zugriffsverbote nach § 44 Abs. 1 BNatSchG erfüllt sind, wobei bei zulässigen Eingriffen die Ausnahmen des § 44 Abs. 5 BNatSchG zu beachten sind. Diese Prüfung ist grundsätzlich für alle europarechtlich geschützte Arten nach Anhang IV der FFH-Richtlinie sowie für die wildlebenden Vogelarten nach Art. 1 der Vogelschutz-Richtlinie durchzuführen.

⇨ *§ 44 BNatSchG, Tötungsverbot, Störungsverbot , Zugriffsverbot – Schutz der Fortpflanzungs- und Ruhestätten*

Störungen

Der Schwarzstorch ist störempfindlich. Unerfreulicher Beleg ist der hohe Anteil an Nestwechseln nach Brutabbrüchen in den letzten Jahren. Lärm/Geräusche scheinen weniger kritisch zu sein als Sichtbeziehungen. Ursachen für Nestaufgaben können Habitatveränderungen (Durchforstung) sein. Die größte Störungsempfindlichkeit ist beim Nestbezug und während der Balz- und Brutzeit.

⇨ *Balz, Brutzeit, Horstschutzzone, Nest, Wechselnest*

Störungsempfindlichkeit

Schwarzstörche leben zurückgezogen und sind sehr störungsempfindlich. Dabei scheint die Lärmempfindlichkeit weniger ausgeprägt zu sein. Sichtbeziehungen zu naheliegenden Wegen und „unbedarfte" Annäherung an das Nest sind gravierender. Dies gilt besonders für die Balz- und Brutzeit.

Fehlende Belaubung, geringere Bindung an den ungeschlüpften Nachwuchs verstärken dies in der frühen Brutphase.

Außerhalb des Waldes an Bächen und in Wiesen erscheinen die Schwarzstörche nicht empfindlicher als z.B. Weißstörche oder Graureiher.

⇨ *Aggression, Horstschutzzone, Nestbindung, Brutzeit, Balz*

Störungsverbot (§ 44 Abs. 1 Nr. 2 BNatSchG)

Das Störungsverbot ist in § 44 Abs. 1 Nr. 2 geregelt. Durch eine WEA kann z.B. eine Scheuchwirkung ausgelöst werden. Sollte dadurch der Zugang zu Nahrungshabitaten so erschwert werden, dass sich der Erhaltungszustand der lokalen Population verschlechtert, so gilt das Störungsverbot. Eine Verschlechterung des Erhaltungszustandes kann durch geeignete Maßnahmen abgewendet werden. Die Maßnahmen sollten artspezifisch ausgerichtet sein, so dass eine funktional wirksame Wahrung oder Verbesserung des aktuellen Erhaltungszustandes belastbar prognostiziert werden kann.

⇨ *§ 44 BNatSchG, Tötungsverbot (§ 44 Abs. 1 Nr. 1 BNatSchG), Zugriffsverbot (§ 44 Abs. 1 Nr. 3 BNatSchG) – Schutz der Fortpflanzungs- und Ruhestätten, Spez. Prüf. Artenschutz*

Telemetrie und Datenlogger

Die Technologien zur Analyse von Bewegungsmustern haben sich seit Einführung der Satellitentelemetrie Mitte der 1980er Jahre extrem weiterentwickelt. Sie ermöglichen heute Studien über Raum-Zeit-Muster von Vögeln, die für Raumplanungen wichtig sind. Räumliche Schutzkonzepte für Arten, wie den Schwarzstorch, lassen sich mit Hilfe von metergenauen Ortungen von mikroprozessorkontrollierten GPS-Loggern objektiv entwickeln. Die Logger sind vor allem deswegen besonders geeignet, da sie eine Vielzahl an Programmierungen zulassen und damit an die Möglichkeiten und Erfordernisse solcher Untersuchungen angepasst werden können. Das kann mittels Radiolink jederzeit vom Boden aus geschehen; in Entfernungen von 500 bis 800 m. Der Satellitensender bzw. der Datenlogger wird in einem speziell abgestimmten Verfahren am Vogel angebracht. Ein Datenlogger ist eine prozessorgesteuerte Speichereinheit, welche Daten in einem bestimmten Rhythmus über eine Schnittstelle aufnimmt und auf einem Speichermedium ablegt.

⇨ *Funktionsraumanalyse, Farbberingung, Monitoring, Dismigration*

Totholz

Totholz in Form von toten Bäumen wird von flüggen Jungvögeln bevorzugt angeflogen. Nicht flexible, meist große Äste bieten den Jungstörchen sichere Landungen. Auf Baumstämmen, Baumwurzeln haben sie einen guten Überblick.

⇨ *Brutrevier, Ruhebaum, Bodenbewuchs*

Tötungsverbot (§ 44 Abs. 1 *Nr. 1* BNatSchG)

Das Tötungsverbot ist in § 44 Abs. 1 Nr. 1 geregelt.
Beim Schwarzstorch betrifft es u.a. das Kollisionsrisiko mit Freileitungen, Masten und Windenergieanlagen. Mit der zunehmenden Inanspruchnahme von Waldstandorten für WEA-Planungen erlangt die Prüfung des Kollisionsrisikos eine immer wichtigere Rolle. Gegen das Tötungsverbot wird dann nicht verstoßen, wenn das WEA-Vorhaben nach naturschutzfachlicher Einschätzung unter Berücksichtigung von Vermeidungsmaßnahmen kein signifikant erhöhtes Risiko kollisionsbedingter Verluste von Einzelexemplaren verursacht.

⇨ *§ 44 BNatSchG, Störungsverbot (§ 44 Abs. 1 Nr. 2 BNatSchG), Zugriffsverbot (§ 44 Abs. 1 Nr. 3 BNatSchG) – Schutz der Fortpflanzungs- und Ruhestätten, Spez. Prüf. Artenschutz*

Traditionsnest/Nutzungsdauer

In ruhigen, ungestörten Brutgebieten, deren struktureller Charakter sich über Jahrzehnte nicht verändert hat, nutzt der Schwarzstorch dasselbe Nest viele Jahre lang. Nutzungszeiten von 25 bis 40 Jahren sind keine Seltenheit. Man kann hier im übertragenen Sinne von einer langjährigen, traditionellen Nestnutzung sprechen.

⇨ *Wechselnest, Nest*

Umweltschadensgesetz

Nach dem Umweltschadensgesetz (USchadG) besteht eine Haftungspflicht für Biodiversitätsschäden, welche erhebliche nachteilige Beeinträchtigungen für die Erreichung oder Beibehaltung des günstigen Erhaltungszustands von geschützten Lebensräumen oder Arten verursachen (§ 19 BNatSchG). Die für WEA-Vorhaben erforderlichen Untersuchungen und Planungen treffen im Hinblick auf das Umweltschadensgesetz eine Vorsorge zur Schadensvermeidung.

⇨ *§ 44 BNatSchG, Windenergieanlagen-Empfindlichkeit*

Wache

Nach dem Schlüpfen werden die Jungstörche noch ca. 3 Wochen dauerhaft betreut. Dann werden sie für zunächst kurze Zeit allein gelassen, da die Altstörche Nahrung beschaffen müssen. Die Länge der Phasen der Nahrungsbeschaffung ist abhängig von der Anzahl der Jungen. Die Altstörche halten sich vor und nach dem Füttern häufig in der Nähe mit Sichtbeziehung zum Nest auf.

⇨ *Nest, Nestbindung, Ruhebaum*

Wechselnest

Nicht selten wird ein (Traditions-)Nest nach ein- bis dreijähriger Nutzung zugunsten eines ca. 1 bis 3 Kilometer im Revier entfernt liegenden Wechselnestes verlassen. Dies ist in der Regel auf Störungen oder Nestabstürze zurückzuführen oder auch auf Veränderungen im Bruthabitat (starke Durchforstung des Bestandes). Traditionsnester werden allerdings nach mehrjährigen Nutzungspausen wieder besetzt.

⇨ *Traditionsnest, Nest, Störung, Nestplattform*

Wegzug

Die Jungvögel ziehen zuerst, zum Teil getrennt voneinander, ins Winterquartier. Auch die Altstörche ziehen getrennt, meist das Weibchen zuerst. Die Störche haben dabei keine Eile. Man kann in der Zeit oft kleinere Gruppen von Störchen beobachten und dabei nicht unterscheiden, ob es Störche auf dem Durchzug, aus der Region und/oder heimische Störche sind. Auf dem Flug finden sich die Störche manchmal zu großen Gruppen zusammen.

⇨ *Flugrouten, Sozialverhalten, Nestbindung, Winterquartier*

Windenergieanlagen-Empfindlichkeit

Die Einstufung von Arten im Hinblick auf ihre Empfindlichkeit gegenüber Windenergieanlagen (WEA) hat für die Raumplanung eine große Bedeutung. Die Länderarbeitsgemeinschaft der Vogelschutzwarten Deutschlands hat mit ihrer Fachkonvention „Abstandsregelungen für WEA zu bedeutsamen Vogellebensräumen sowie Brutplätzen ausgewählter Vogelarten" eine entsprechende fachliche Bewertung vorgenommen. Wenn WEA auf Waldstandorten errichtet werden, ist von einer Meidung dieser Waldflächen durch den Schwarzstorch auszugehen. Durch das Meideverhalten werden die Flugbeziehungen zwischen Nest und den Nahrungshabitaten beeinträchtigt. Darüber hinaus gibt es auch für den Schwarzstorch die Kollisionsgefahr mit den Rotorblättern vor allem bei schlechten Sichtverhältnissen.

⇨ *Nahrungshabitat, Revierflüge, Funktionsraumanalyse, Nahrungssuche, Umweltschadensgesetz, § 44 BNatSchG, Abstandsregelungen für Windenergieanlagen*

Winterquartier

Die Schwarzstörche überwintern in kleinen Gruppen an Flusssystemen in den Subtropen, meist nördlich des Äquators. Das sind für die Westzieher Länder in Westafrika, wie z.B. Mali, Niger, Ghana, Togo, Burkina Faso, und für die Mehrheit, die Ostzieher, Länder wie Kenia, Uganda und Äthiopien. Kleinere Populationen überwintern, durch die Klimaverschiebung begünstigt, bereits in Spanien und Israel. In beiden Ländern verbringen die Schwarzstörche auch längere Zeit bei Zwischenstopps.

⇨ *Flugrouten, Israel, Wegzug, Ankunft, Aufzucht*

Zugriffsverbot (§ 44 Abs. 1 Nr. 3 BNatSchG) – Schutz der Fortpflanzungs- und Ruhestätten

Nach § 44 Abs. 1 Nr. 3 BNatSchG dürfen Fortpflanzungs- und Ruhestätten der genannten Arten (also auch des Schwarzstorchs) nicht beschädigt oder zerstört werden, wobei der Schutz der funktionalen Bedeutung der Lebensstätten hervorgehoben wird. Nach § 44 Abs. 5 Satz 2 BNatSchG ist das Schädigungsverbot für die Arten des Anhang IV der FFH-RL und der europäischen Vogelarten nicht erfüllt, wenn die (aut-)ökologische Funktion der betroffenen Fortpflanzungs- und Ruhestätten in ihrem räumlichen Zusammenhang gewährleistet werden kann.

⇨ *§ 44 BNatSchG, Tötungsverbot (§ 44 Abs. 1 Nr. 1 BNatSchG), Störungsverbot (§ 44 Abs. 1 Nr. 2 BNatSchG), Spez. Prüf. Artenschutz*

Literaturverzeichnis

BAUER K. M. & U. N. Glutz von Blotzheim (1966): Handbuch der Vögel Mitteleuropas. – Band 1, Gaviiformes – Phoenicopteriformes – Akademische Verlagsgesellschaft, Frankfurt/ M.

JANSSEN G, Hormann M, Rhode C 2004: Der Schwarzstorch. Neue Brehm-Bücherei, Bd. 468. Westarp Wissenschaften

HANCOCK, J. A., J. A. Kushlian & M. P. Kahl (1992): Storks, Ibises and Spoonbills of the World. – Academic Press Inc., San Diego

HORMANN M 2011: Die heimliche Rückkehr des Schwarzstorches. Falke 58: 304-307

HORMANN, M. (2011): 'Black is beautiful': Die heimliche Rückkehr des Schwarzstorches. – In: Der Falke 8/2011, S. 304-307.

LORGÉ, P. & M. Jans (1999): Vorläufige Ergebnisse des Telemetrieprogramms „Cigognes sans frontières" in Luxemburg, Belgien und Frankreich. – Vogel und Umwelt 10: 99–101

PlanWerk, Hormann M 2012: Artenhilfskonzept für den Schwarzstorch (Ciconia nigra) in Hessen. Gutachten im Auftrag der staatlichen Vogelschutzwarte für Hessen, Rheinland-Pfalz und Saarland.

ROHDE, C.: http://blackstorknotes.blogsport.de/

RWE NET AG (2002): Sichere Aussichtspunkte – AHR RZ Rauschermühle installierte zusammen mit Vogelschützern Sitzbretter für Schwarzstörche. Team:net – Die Mitarbeiterzeitung der RWE NET, Nr. 5 Juni 2002

SCHRÖDER, P. & G. Burmeister (1974): Der Schwarzstorch (Ciconia nigra). – Die neue Brehm-Bücherei Bd. 468, Wittenberg Lutherstadt.

SIEWERT, H. (1932): Störche – Erlebnisse mit dem schwarzen und weißen Storch. – D./E. Vohsen, Berlin 1932.